AF338107

NOUVELLE BIBLIOTHÈQUE ILLUSTRÉE DE VULGARISATION

UN VOLCAN
DANS LES GLACES.

AVENTURES

D'UNE EXPÉDITION SCIENTIFIQUE AU POLE NORD

PAR

JULES GROS

NOMBREUSES ILLUSTRATIONS DE BÉLICHON

PARIS

LECÈNE, OUDIN ET Cⁱᵉ, ÉDITEURS

15, RUE DE CLUNY, 15

1895

UN VOLCAN

DANS LES GLACES

QUATRIÈME SÉRIE. — (*Série nouvelle.*)

Au fond du cratère.

NOUVELLE BIBLIOTHÈQUE ILLUSTRÉE DE VULGARISATION

UN VOLCAN
DANS LES GLACES

AVENTURES

D'UNE EXPÉDITION SCIENTIFIQUE AU POLE NORD

PAR

JULES GROS

NOMBREUSES ILLUSTRATIONS DE BÉLICHON

PARIS

LECÈNE, OUDIN ET Cie, ÉDITEURS

15, RUE DE CLUNY, 15

1895

INTRODUCTION

On se souvient de la seconde session du Congrès international des sciences géographiques qui eut lieu à Paris en 1875. Cette solennité scientifique comptait parmi ses membres les hommes les plus éminents du monde entier ; toutes les sciences qui, de près ou de loin, tiennent à la géographie y étaient représentées.

Le 11 août 1875, après la séance générale de clôture qui eut lieu au palais des Tuileries, les membres du Congrès reçurent une lettre qui les convoquait pour le lendemain soir chez M. John Wilson, dans son hôtel des Champs-Élysées.

Tous ceux qui connaissent l'immense fortune de M. Wilson et la générosité avec laquelle il la met volontiers au service de toutes les œuvres qui ont trait à l'étude des sciences, ne s'étonneront pas que la plupart des invités aient été exacts au rendez-vous.

L'auteur de ce récit, bien qu'il n'eût joué au Congrès que le rôle modeste de *reporter* de l'*Explorateur,* eut, par une faveur inespérée, l'insigne honneur de faire partie du nombre des élus.

Nous ne dirons rien de la réception qui fut faite aux savants convoqués ; elle fut aussi brillante qu'on pouvait s'y attendre de la part d'un homme à qui l'opinion publique prêtait une fortune de près d'un milliard. M. Wilson, avec une bonne grâce parfaite, remercia les membres du Congrès des travaux qu'ils avaient accomplis.

— Je n'ai point perdu, dit-il, une seule parcelle de vos savantes discussions, mais néanmoins j'ai constaté que bien des questions, parmi les plus importantes pour la science, attendent encore une solution.

« Au nombre de ces questions, ajouta M. Wilson, il en est une qui, plus que les autres, me tient au cœur : c'est l'exploration complète et définitive des régions polaires arctiques. Je sais bien qu'au point de vue commercial pur, le monde n'a sans doute que peu à profiter des découvertes qu'amènerait l'investigation scientifique de cette partie du globe. Plusieurs des membres les plus autorisés du Congrès ont bien voulu le faire remarquer : le passage, soit par l'est, soit par l'ouest, qui mettrait en communication l'océan Atlantique et l'océan Pacifique, ne peut être, s'il existe, qu'un passage incertain, ouvert pendant quelques jours seulement, et dans le cours d'années exceptionnelles ; il faut donc, je le crois, renoncer à voir un jour les navires de commerce tenter utilement cette voie. En serait-il de même des résultats scientifiques qu'on est en droit d'attendre d'un voyage définitif qui ferait connaître au monde la disposition géographique de ces mers ?

« A mon avis, continua le riche Américain, et je suis

sûr que bon nombre d'entre vous ne me désapprouveront pas, c'est dans les régions polaires que se trouve la solution de la plupart des problèmes scientifiques qui sont aujourd'hui l'objet de vos recherches et de vos investigations patientes. La loi qui régit les courants magnétiques, celle qui gouverne les vents et les tempêtes, le secret des courants chauds et des courants froids de la mer, l'étude des marées et tant d'autres problèmes qui sont l'essence même de la géographie, doivent trouver là leur solution. C'est là qu'on pourra étudier d'une façon fructueuse les causes qui ont amené depuis un siècle tant de perturbations dans les saisons. On y apprendra la loi qui fait naître, sur certains points du globe, les variations et les déviations de la boussole. C'est là que les naturalistes pourront aller chercher, enfouis et conservés dans les glaces, les restes de la faune et de la flore des âges antédiluviens; là peut-être aussi se trouvera la solution définitive de cette grande question: première apparition de l'homme sur le globe terrestre.

« Les regrets que j'exprime, reprit M. Wilson dont le discours avait été accueilli par un murmure approbatif, seraient vains et superflus si je n'avais résolu de participer personnellement à la recherche de ces vastes problèmes et de mettre au service de la science la grande fortune que le hasard et des circonstances heureuses ont mise en ma possession. Depuis longtemps j'avais rêvé d'organiser à mes frais une expédition au pôle nord. L'exemple de M. le comte de Wilcksek, grâce à qui

MM. Payer et Weyprecht ont pu aller découvrir dans les mers polaires la terre de François-Joseph ; celui de M. Oscar Dikson de Gottembourg, qui permet en ce moment même à M. le professeur Nordenskiold de visiter les mers glacées qui séparent la Nouvelle-Zemble de l'empire de Russie ; l'exemple enfin de mon compatriote, sir James Gordon Bennett, directeur du *New-York Herald*, qui a organisé de ses deniers le voyage de M. Stanley à travers le continent africain, m'ont paru bons à suivre. C'est à vous, messieurs, qui êtes les hommes les plus compétents du monde en pareille matière, que je viens confier l'organisation de cette expédition, et c'est vous que je charge du soin d'en tirer le plus de profit possible pour la science dont vous êtes les représentants respectés. Mon concours pécuniaire ne vous fera pas défaut : je vous ouvre, dès aujourd'hui, un crédit illimité chez MM. de Rothschild et dans toutes les principales maisons de banque du monde. J'ai dit. »

D'unanimes applaudissements accueillirent ces paroles. Tous les savants réunis se levèrent pour témoigner au généreux millionnaire la reconnaissance que faisaient naître en eux ses offres gracieuses. Séance tenante, un comité d'exécution fut organisé pour mettre en pratique, dans le plus bref délai possible, le séduisant projet que venait d'exprimer M. Wilson.

Nous commencerons ce récit au moment où tous les travaux et toutes les études préparatoires ayant été terminés, le grand projet conçu par M. John Wilson entra dans sa période d'exécution.

Le choix des navires et du personnel qui devaient servir dans cette exploration n'offrait pas une mince difficulté. Il était facile de prévoir que le caractère international de l'entreprise ferait naître de nombreuses rivalités. Les peuples du Nord, les Suédois, les Norwégiens et les Danois se sont montrés, depuis la plus haute antiquité, d'habiles et intrépides navigateurs ; de plus, en raison du nombre considérable de baleiniers et de pêcheurs qu'ils envoient tous les ans dans les mers polaires, ce sont eux dont les navires sont le mieux faits pour affronter les océans de glace et les banquises. On décida donc qu'on adopterait la forme, un peu lourde mais solide, des bateaux construits dans les chantiers de la Norwège.

Cinq vaisseaux furent mis d'abord à la disposition de l'expédition : les deux premiers, qui ne furent pas construits tout exprès, mais qui furent choisis parmi les mieux faits et les plus solides de la marine suédoise, furent chargés de vivres, de conserves, d'armes, de munitions, de médicaments, de charbon, d'outils et d'instruments de toute sorte, et furent envoyés, dès la fin d'août, pour établir, sur divers points des mers glaciales arctiques, des postes ou magasins de ravitaillement, où plus tard les navigateurs pourraient venir remplacer les objets que les hasards et les péripéties de leur périlleuse entreprise leur auraient fait perdre, et chercher ceux dont l'expérience leur aurait montré l'utilité. La direction de ce voyage préparatoire fut donnée à deux membres du comité d'organisation, l'un Français et l'autre Américain, que leurs travaux et des voyages antérieurs avaient rendus plus spécialement aptes à mener à bien cette entreprise. Ils mirent sagement à la tête des vaisseaux deux vieux loups de mer norwégiens blanchis dans les voyages à la pêche de la baleine et qui n'emmenèrent avec eux que des matelots depuis longtemps familiarisés avec ce genre de navigation.

C'est ainsi que des magasins de ravitaillement habilement aménagés furent établis sur divers points de la côte nord de la Nouvelle-Zemble, sur les côtes du Spitzberg, du Groënland, de la Sibérie et de diverses îles placées au nord du continent asiatique. On en mit dans la presqu'île d'Alaska, à l'embouchure du Mackensie, à l'entrée du détroit de Dolphin, du détroit de Dease, du détroit de Bellot, de celui du Prince-Régent et sur les côtes qui bordent à l'est et à l'ouest le détroit de Smith. On sait depuis longtemps combien ces précautions sont utiles, et si quelques-uns des postes ainsi constitués ne devaient pas servir aux navigateurs, d'autres contribuèrent puissamment à la réussite de l'entreprise, quand ils ne sauvèrent pas complètement la vie aux hardis explorateurs.

Rien ne fut négligé dans la préparation de cette exploration modèle. Grâce à la bourse ouverte du généreux M. Wilson, on put ne faire aucune de ces maigres économies qui souvent viennent entraver une entreprise et la faire échouer au moment même où elle allait atteindre le but.

L'expédition proprement dite devait être faite par trois navires: l'un porterait la délégation savante qui formait le corps même de l'exploration, et les deux autres suivraient les traces du premier et se maintiendraient à la plus courte distance possible, de façon à le ravitailler et à lui porter secours dans les circonstances périlleuses.

Avant d'entrer dans le vif du récit, il nous semble utile de parler au moins d'une façon générale de ces trois navires. Le premier, celui qui devait jouer le rôle principal, reçut le nom de *Pôle-Nord* ; on lui donna pour commandant le capitaine norwégien Torell, le propre neveu du docteur Otto Torell, si connu par ses belles et savantes études en Islande, au Spitzberg et au Groënland. Le capitaine Torell avait fait de nombreux voyages dans les mers glaciales. La science profonde dont il avait donné des preuves garantissait son expérience ; il prit avec lui comme seconds quatre officiers distingués de la marine royale de Norwège, et s'adjoignit en outre le Danois Xavier Jakobson, qui s'est fait une notoriété dans les voyages de Penny, de Kane et de Mac-Klintock ; ce navigateur expérimenté fut chargé d'organiser le service des traîneaux, des chiens esquimaux et des rennes pendant la durée de l'expédition, et il compléta l'état-major du navire.

Le *Pôle-Nord*, qu'on construisit tout exprès en vue de l'expédition projetée, et après avoir pris l'avis des ingénieurs les plus expérimentés du monde, était un vaisseau à vapeur dont l'hélice fut garantie contre les chocs extérieurs par une solide et ingénieuse cuirasse placée de façon à ne pas gêner les mouvements de propulsion.

La puissance de la machine fut calculée de façon à re-

médier à la forme un peu massive du vaisseau et à pouvoir,
en certains cas, lui imprimer une marche rapide. La carène
entière, faite en bois solide et disposée de façon à jouir de
la plus grande élasticité possible, fut protégée par une
épaisse carapace capable de résister à des chocs violents.
On organisa autour du navire et au-dessous de sa quille
tout un système de scies placées entre les flancs du bâtiment et sa cuirasse ; ces scies, par un ingénieux mécanisme,
pouvaient à volonté se porter à l'extérieur, où une transmission de la machine à vapeur devait leur donner le
mouvement. Elles étaient destinées à dégager le vaisseau,
dans le cas où il se trouverait subitement emprisonné par
les glaces, comme cela était arrivé récemment au malheureux *Tégétoff*, resté rivé près des côtes de la terre de François-Joseph. D'autres scies verticales ou circulaires étaient
placées à l'avant du bâtiment, en même temps que divers
puissants engins destinés à frayer au navire une route à
travers les banquises. Des grues portatives d'une grande
puissance et formées de pièces démontées, soigneusement
numérotées, étaient emmagasinées dans la cale ; elles pourraient, au dire des savants organisateurs de l'expédition,
être établies sur les glaces voisines du navire, afin de le
soulever, si cela devenait nécessaire. Le célèbre ingénieur
Durand, dont le monde entier admire les nombreuses et
utiles inventions, avait imaginé en outre un système de
roues massives et solides qui pourraient, à un moment
donné, s'adapter aux flancs du vaisseau et permettre de le
faire courir sur les glaces, grâce à une savante intervention

de la machine à vapeur, dans le cas où, par suite d'une congélation de la mer, l'hélice cesserait de pouvoir fonctionner. Un gazomètre, établi à bord, devait permettre la fabrication rapide de la quantité de gaz hydrogène nécessaire pour gonfler d'énormes ballons, dont on prévoyait que l'usage pourrait devenir utile quand il s'agirait de découvrir au loin, soit une mer libre, soit un passage à travers les banquises.

Nous ne parlerons pas d'un grand nombre d'autres engins que la sagesse du comité organisateur joignit à ceux que nous venons d'indiquer sommairement; qu'il nous suffise de dire que rien ne fut négligé, et que sur le *Pôle-Nord* seul, on emportait assez de charbon et de vivres, d'armes et de munitions, pour assurer l'existence de tous les membres de l'expédition pendant trois ou quatre ans.

Les deux navires qui devaient servir d'escorte, et au besoin de refuge aux navigateurs du *Pôle-Nord*, furent également construits spécialement pour l'usage auquel on les destinait. Ils reçurent, en souvenir de deux illustres explorateurs, les noms de l'*Elisha Kane* et le *John Franklin*. Leur conduite fut confiée à deux marins habiles et expérimentés: le capitaine Hitche, de San-Francisco, prit le commandement de l'*Elisha Kane*, avec un état-major et un équipage américains, habitués à naviguer dans les mers polaires: le *John Franklin* fut commandé par le capitaine anglais Hopeful, dont le nom, qui signifie espérance, sembla de bon augure pour l'expédition, et qui emmena avec lui des marins rompus aux fatigues des voyages arctiques.

UN VOLCAN

DANS LES GLACES

CHAPITRE PREMIER

LE DÉPART.

Une expédition comme celle qu'avaient résolu de faire les membres du Congrès réunis chez M. John Wilson ne s'improvise pas en un jour. Depuis le 11 août 1875, près d'une année s'était écoulée, pendant laquelle tous les membres actifs du comité d'exécution s'étaient dispersés sur divers points du globe, dans le but de préparer la série presque infinie des objets de toute nature dont on prévoyait l'utilité ou l'emploi pendant la durée du voyage. D'un commun accord, ils s'étaient donné rendez-vous pour le 15 juin 1876 dans la petite ville norwégienne de Tromsoë, d'où il était convenu que devait partir l'expédition. Ce délai était bien court pour organiser une semblable entreprise ; mais grâce au bon vouloir et à l'activité des membres du comité, grâce surtout aux ressources pécuniaires que M. Wilson avait mises à leur disposition, tout put être prêt dans le délai prévu, et aucun de ceux qu'on avait invités ne fut en retard. Les trois navires, pavoisés aux couleurs nationales de tous les peuples civilisés du monde, se balançaient dans le port, et leurs cheminées fumantes indiquaient qu'on n'attendait plus, pour donner le signal du départ, que l'installation à bord des passagers. C'était un spectacle merveilleux de voir ces hauts mâts, le long desquels flottaient les pavillons, dont les couleurs vives brillaient sur le fond gris des bouleaux et des trembles qui couronnent les collines voisines du petit port. L'heure de midi avait été fixée pour réunir en un fraternel repas les savants qui devaient faire partie de l'expédition et ceux qui, retenus dans leur patrie par d'impérieux devoirs, avaient dû renoncer à l'honneur de compter parmi les membres du personnel militant de l'exploration des mers polaires, et se contenter d'apporter le secours de leurs lumières et de leur savoir à l'organisation de l'entreprise.

A l'heure indiquée, nul ne manqua à l'appel, et le *Pôle-Nord* vit réunis dans ses flancs et présidés par le généreux donateur, M. Wilson, tous ceux dont le concours avait servi à mettre en pratique la plus glorieuse idée qu'on ait jamais vue surgir dans un cerveau humain.

Depuis l'année précédente, la plupart des savants rassemblés pour cette solennité n'avaient pas trouvé l'occasion de se rencontrer; plusieurs même ne se connaissaient que de nom et ne s'étaient jamais vus encore. Aussi le plantureux repas servi dans le grand salon du *Pôle-Nord* fut il, dès le principe, très cordial et très animé. A la gauche du président étaient assis tous ceux qui devaient faire partie de l'expédition ; à sa droite siégeaient les autres qui, ne partant pas, venaient faire à leurs collègues leurs souhaits d'heureux voyage et leurs dernières recommandations. Les commandants des trois navires avaient été invités à venir s'asseoir à cette table où tant d'illustrations étaient réunies. Ils furent si touchés de cette haute marque de distinction, que le capitaine Torell, qui commandait en chef l'expédition au point de vue maritime, prit la parole au nom de ses collègues et remercia l'assemblée dans un langage plus remarquable par sa rudesse que par sa forme académique. Son discours n'en fut pas moins apprécié par tous, en raison de la franchise avec laquelle s'exprima le vieux navigateur.

La salle, bien que très vaste, ne l'était point assez pour avoir permis à l'organisateur de la fête d'inviter au repas officiel les états-majors des trois navires ; il en fut de même pour les personnes que les membres de l'expédition s'étaient adjointes, soit à titre d'auxiliaires, soit comme secrétaires particuliers. Néanmoins, personne ne fut oublié : officiers, préparateurs, aides, secrétaires et employés avaient trouvé dans l'entrepont une table plantureusement servie. Là, pour être moins solennelle, la conversation ne fut ni moins gaie ni moins cordiale qu'au repas officiel. Ces agapes fraternelles eurent pour heureux résultat de mettre tout d'abord en communication amicale des hommes appelés à partager tant de dangers et à supporter tant de souffrances. Enfin, les matelots eux-mêmes firent ce jour-là un repas copieux, qui dut laisser un ineffaçable souvenir dans leur mémoire.

Jamais expédition scientifique n'avait été composée d'un aussi grand nombre d'hommes éminents. Pour faire honneur à la France chez laquelle avait eu lieu la session du Congrès à la suite duquel le voyage dans les régions polaires avait été résolu, on avait nommé directeur scientifique de l'expédition l'illustre géographe, M. d'Harvillers, si connu par ses grands et consciencieux travaux sur l'histoire de la formation et des révolutions du globe. Malgré son âge avancé, car ce Nestor de la science comptait près de soixante-dix ans, M. d'Harvillers n'avait pas voulu qu'un si beau voyage s'accomplît sans lui ; vainement on lui avait représenté les dangers sans nombre que l'expédition était appelée à affronter et les fatigues immenses que son grand âge lui rendrait encore plus sensibles :

— Quels que soient les périls que nous aurons à vaincre, répondait-il, je braverai sans sourciller le froid, la tempête, les glaces amoncelées, le naufrage même, pour mettre au service de la géographie l'expérience que j'ai pu acquérir. Si je meurs en route, mon nom du moins ne mourra pas et j'aurai donné au monde l'exemple d'un vieillard qui, après avoir consacré sa vie à l'étude, a su rendre son dernier soupir au bénéfice de la science.

Deux autres de nos compatriotes complétaient la représentation de notre pays dans la grande exploration polaire : c'étaient MM. le géologue Tissot, membre de l'Institut et professeur au Muséum, et le jeune naturaliste Jules Rousset qui, malgré ses trente-cinq ans, figurait déjà avec honneur parmi les membres de l'Académie des sciences.

M. Jules Rousset était, avec William Seedling, savant professeur de l'Université d'Oxford, et qui n'avait pas encore quarante ans, le membre actif le plus jeune de l'expédition. Depuis longtemps en relations scientifiques, les deux jeunes savants se voyaient pour la première fois, et une vive sympathie les unit dès le principe. Leurs caractères étaient pourtant loin d'être identiques ; les sciences naturelles, qu'ils professaient avec un égal succès, étaient même leur seul point de ressemblance. Le Français, à la mine ouverte, aux manières faciles, à l'esprit gai, fut, par une de ces bizarreries plus communes qu'on ne le croit, séduit tout d'abord par la longue taille raide et guindée de son collègue d'Angleterre. Celui-ci, de son côté, malgré la morgue britannique qui régnait dans toute sa personne, se sentit malgré lui entraîné par une sympathie dont il ne se rendait pas compte vers la physionomie ouverte et les manières pleines de franchise de son collègue de France. Cette amitié si subite, et née dans des circonstances si bizarres, ne devait pas se démentir : la suite de notre récit fera connaître quels heureux résultats produisit, dans plus d'une circonstance, cette entente cordiale entre deux hommes à qui leur jeunesse et leur vigueur devaient forcément donner une grande importance et faire jouer un rôle utile dans une expédition appelée à braver tant et de si grands dangers.

L'Angleterre avait encore pour représentant de sa nationalité sir Henri Asleep, professeur à l'École des mines de Londres et minéralogiste distingué. Le peuple allemand avait délégué M. Peters Walker, professeur de météorologie générale à Francfort, et le grand botaniste, Hans Muller, qui a fait faire un si grand pas à la classification de la flore universelle.

Parmi les différents savants, docteurs, chimistes, naturalistes, géologues, hydrographes, physiciens, botanistes, professeurs d'anthropologie, géodésiens, météorologistes, qui représentaient les nations suédoise, russe, américaine, portugaise, italienne, espagnole, nous ne citerons aujourd'hui, de peur qu'une trop longue énumération ne devienne fastidieuse pour nos lecteurs, que le Russe M. de Kolikof, conseiller intime de la couronne, et qui n'est pas moins célèbre par sa haute noblesse et sa grande fortune que par les savantes et patientes explorations qu'il venait d'accomplir dans la Sibérie septentrionale. Dans la suite de notre récit, chacun des savants faisant partie de l'expédition se fera connaître du lecteur par le rôle actif qu'il a été appelé à y jouer.

Le repas officiel touchait à sa fin : des flots de vin de Champagne de la meilleure marque avaient été répandus, et l'entrain le plus cordial régnait parmi tous les convives, quand le généreux amphitryon, M. Wilson, se leva et fit signe qu'il désirait adresser quelques mots à l'assemblée. Il se fit un grand silence.

— Messieurs, dit le généreux Américain, dans quelques heures d'ici, les navires que j'ai eu le bonheur de pouvoir mettre à votre disposition vont quitter le port et iront s'enfoncer dans le grand inconnu des mers polaires, encore si peu et si incomplètement explorées. Grâce à la collaboration éclairée de tant d'hommes compétents, vous emportez avec vous tout ce qui peut et doit assurer le succès de la grande entreprise que vous tentez. Qu'il soit permis au plus modeste de vos collaborateurs, que d'impérieux devoirs gardent attaché aux continents civilisés, de vous souhaiter un heureux voyage. Elle est dangereuse et terrible l'exploration dans laquelle vous vous embarquez avec tant d'abnégation ; malgré toutes les précautions et tous les soins qui ont été pris pour supprimer le plus possible les chances défavorables qu'on a lieu de prévoir et de redouter pour la réussite de nos projets, il ne faut pas se le dissimuler, bien des catastrophes inattendues surgiront sans aucun doute, et qui sait ? plusieurs d'entre ces valeureux soldats de la science, à qui je vais avoir l'honneur de serrer la main, payeront peut-être de leur vie leur audacieuse tentative !

« Qu'une pensée consolante vous soutienne dans les moments critiques. N'oubliez pas que, nous qui sommes condamnés à rester, nous ne cesserons pas une minute de songer à vous, et que tous les moyens humains seront mis en œuvre pour voler à votre secours, s'il y a lieu, et pour assurer une issue favorable à votre périlleuse navigation.

« Pendant que le comité d'exécution organisait, avec un zèle et une activité qui sont au-dessus de tout éloge, la glorieuse expédition qui va commencer, je ne suis point resté inactif, et c'est avec une immense satisfaction que je viens vous annoncer une grande et heureuse nouvelle. Tous les gouvernements civilisés du monde se sont mis d'accord pour contribuer dans la mesure de leurs forces à la réussite de notre projet. Ils expédieront, pour tout le temps que durera l'expédition polaire internationale, un ou plusieurs navires qui s'avanceront le plus loin possible sur les points accessibles de ces mers dangereuses dans lesquelles vous allez porter vos savantes investigations. Que cette pensée ne vous abandonne donc jamais dans les moments difficiles ou périlleux de votre navigation : plus ou moins près de vous, à quelques lieues peut-être, se trouvera un navire prêt à vous recueillir, si quelque catastrophe inattendue venait détruire votre bâtiment.

« J'ai l'honneur de remettre à M. le directeur de l'expédition, le savant M. d'Harvillers, ce pli qui lui donne sur tous les membres de l'entreprise sans distinction une autorité absolue, et qui l'accrédite auprès des marins du monde entier. Cette mission glorieuse, bien due à l'autorité de son savoir et à son dévouement chevaleresque, est agréée par tous les gouvernements de l'ancien et du nouveau continent. »

Ce discours fut accueilli par un tonnerre d'applaudissements : chacun se leva et alla presser tour à tour la main de M. Wilson et du vénérable chef scientifique de l'exploration ; puis, l'un après l'autre, les membres de l'expédition déposèrent entre les mains du riche Américain un pli cacheté qui contenait leurs dernières volontés, dans le cas où la mort viendrait les surprendre pendant la durée de leur glorieux voyage. M. Wilson leur jura sur l'honneur que ces papiers seraient placés en lieu sûr et que toutes les clauses qu'ils contenaient seraient scrupuleusement observées.

Cependant, un grand mouvement se manifestait sur le pont : la marée montante avait acquis la moitié de sa hauteur, et bientôt les navires expéditionnaires allaient pouvoir quitter le port.

Un pilote de Tromsoë, rompu depuis son enfance aux difficultés de la navigation le long de ces côtes accidentées, se présenta sur le *Pôle-Nord* et alla se placer à la barre. Avant la nuit tombante, les trois navires étaient en pleine mer, toutes voiles dehors. Poussés en même temps par les efforts de leurs machines à vapeur, ils disparurent bientôt aux yeux de ceux qui les regardaient s'éloigner de la côte, puis ils continuèrent leur course rapide, vigoureusement drossés par une brise carabinée du sud-sud-est.

Le soleil avait complètement disparu à l'horizon, et tous les passagers, rentrés dans leurs chambres respectives, s'efforçaient de mettre un peu d'ordre dans les nombreux colis qui composaient leurs bagages, quand un domestique galonné et enveloppé de la tête aux pieds dans un grand manteau de fourrure vint frapper à la porte de la cabine qui servait d'appartement à M. d'Harvillers et présenta au directeur scientifique de l'expédition une lettre de la part de M. de Kolikof.

Ce pli ne contenait que ces mots :

« MONSIEUR LE DIRECTEUR,

« J'ai l'honneur de solliciter de votre obligeance, et le plus tôt qu'il vous sera possible, quelques instants d'audience. J'ai à vous faire une confidence de la plus haute gravité et je désire ne pas la retarder plus longtemps, de crainte que plus tard elle ne devienne inutile. »

Le bienveillant vieillard répondit au serviteur qui lui avait remis ce pli :

— Dites à M. de Kolikof que je suis bien tout à son service et que je l'attends sur-le-champ, si cela peut lui plaire.

Un quart d'heure plus tard, le noble russe, cérémonieusement vêtu, se présentait chez le directeur qui lui tendit amicalement la main et le pria de s'asseoir.

— Quoi donc de si grave avez-vous à me confier, cher ami ? dit-il en souriant.

— Si votre grand âge et l'universelle réputation de bonté que vous avez su vous acquérir pendant votre vie entière n'avaient fait naître chez moi une confiance sans limites, je me serais tû, ainsi que j'en avais d'abord la formelle intention.

— Mais s'il y a quelque indiscrétion à vous entendre, reprit avec douceur le savant, il est temps encore de garder votre secret.

— Non, je veux tout vous dire ; mais, quelle que soit l'opinion que vous puissiez avoir lorsque je vous aurai fait ma confidence, quelle que soit la décision que vous pensiez devoir prendre, promettez-moi, Monsieur, que ce que je vous aurai dit restera entre vous et moi. Je n'ai pas besoin d'ajouter que je me soumets d'avance, et sans la moindre arrière-pensée, aux ordres, quels qu'ils soient, que vous croirez devoir me donner.

— Parlez donc ! dit M. d'Harvillers.

— Vous savez sans doute, Monsieur, que j'occupe en Russie une situation diplomatique importante et que j'y possède une grande fortune ? Vous savez aussi que j'ai voulu m'associer aux efforts et aux sacrifices de M. Wilson ? celui-ci du reste, je dois le dire, a obstinément refusé d'accepter aucune part de collaboration dans l'œuvre qu'il a accomplie. C'est alors que, dépité de ne pouvoir participer aux dépenses nécessitées par votre généreuse entreprise, j'ai résolu d'en partager les périls et d'apporter à sa réussite le concours de ma personne, de mon expérience et de mon modeste savoir. Ce que vous ignorez certainement, c'est que j'ai perdu, il y a dix ans, la compagne de mon existence et qu'il ne me reste pour toute famille qu'une enfant sur laquelle j'ai concentré toutes les forces vives de mon affection. Cette jeune fille, qui a aujourd'hui vingt et un ans, ne m'a jamais quitté ; elle a été la compagne intrépide et dévouée de mes dernières explorations dans les plaines glacées de la Sibérie ; son esprit viril, et peut-être un peu romanesque, l'entraînait fatalement vers toutes les entreprises périlleuses. Quand j'ai résolu de faire partie de la grande expédition polaire internationale, elle m'a déclaré nettement qu'elle ne me permettrait jamais de partir si je ne consentais à l'emmener avec moi.

— Et ?... demanda le directeur anxieux.

— Et j'ai cédé à ses sollicitations. Mirrine est à bord dans ma cabine ; elle attend ce que vous déciderez sur son sort.

— Monsieur, dit M. d'Harvillers visiblement embarrassé, ce que vous avez fait là constitue une grave imprudence. Nos règlements, il est vrai, n'ont point prévu un fait de cette nature et restent muets à ce sujet. Qui diable aurait pu supposer qu'il viendrait jamais à l'esprit d'un homme sensé, d'un savant réfléchi, d'emmener une femme, une jeune fille, dans une entreprise dont chaque pas sera signalé par un danger et peut-être par une catastrophe ? Comment votre fille pourra-t-elle supporter le froid, la faim, les tempêtes, les montagnes de glace, la lutte journalière corps à corps contre les éléments déchaînés ? Je ne parle pas des maladies qui peuvent surgir, mille fois plus redoutables encore pour une faible femme que pour des hommes que

Laissez-moi vous répondre, Monsieur le Directeur.

soutiennent le sentiment du devoir et le légitime désir d'acquérir une grande renommée...

— Je vous arrête là, Monsieur le directeur ; je suis père et, je vous le répète, un père rempli de tendresse. Ce n'est pas sans avoir longuement et sérieusement réfléchi que j'ai cédé au désir un peu excentrique, je n'ai pas de peine à l'avouer, que m'exprimait ma fille. Rassurez-vous au sujet de ce qui concerne l'exécution matérielle de l'entreprise. Mirrine est plus forte, plus courageuse, plus vigoureuse que les robustes marins de nos équipages.

Son âme bien trempée répond à la vigueur de sa constitution ; je l'ai vue à l'œuvre : faire à pied et sans se plaindre des routes d'une longueur désespérante, à travers des steppes glacées, franchir des montagnes aux roches abruptes et escarpées, s'élancer sur les pointes aiguës des glaciers, traverser des forêts immenses et inextricables, où on ne pouvait se frayer une voie que la hache à la main ; je l'ai vue dormir à la belle étoile, dans les plaines de neige, enveloppée dans son manteau de fourrure ; se défendre, le revolver au poing, contre des bandes de loups affamés, se mesurer corps à corps avec les terribles ours blancs et sortir toujours indemne et victorieuse de ces luttes gigantesques.

— Soit ! répondit M. d'Harvillers ; j'admets pour un instant que cette peinture enthousiaste n'ait pas emprunté ses plus vives couleurs à l'exagération de l'amour paternel, ne pensez-vous pas, et j'adresse cette question à votre loyauté, que la présence d'une jeune fille au milieu d'une expédition composée de tant d'hommes de nations et d'éducations diverses ne constitue un danger et pour elle et pour les équipages ? Qui vous dit que, parmi les hommes jeunes qui font partie de l'exploration et les officiers qui forment l'état-major de nos navires, il n'y aura pas quelque fou qui s'éprendra de votre Mirrine et qui, par suite de rivalités déplorables, apportera ici des éléments de discorde et d'insubordination ?

— Laissez-moi vous répondre, Monsieur le directeur. Ma fille est belle, mais d'une beauté mâle comme son esprit ; nul ne soupçonnera jamais son sexe caché sous ses amples fourrures ; sa fermeté de cœur, son courage, sa force, la mettront en tout temps et dans toutes les circonstances à l'abri des doutes du plus clairvoyant. Si je n'avais cru que ma loyauté m'obligeât à vous faire cette confidence, vous-même, Monsieur, vous auriez pu vivre plusieurs années côte à côte avec Mirrine, sans y voir autre chose que mon secrétaire et neveu Alexis Polowskine, car c'est sous ce nom que je l'ai fait inscrire sur le livre de bord.

Le vénérable directeur se recueillit un instant, puis il tendit la main au noble Russe :

— Mon ami, dit-il, si j'avais connu, avant notre départ, le sexe de votre secrétaire, malgré toutes les qualités que vous lui prêtez, et que je ne demande pas mieux que de lui reconnaître, j'aurais refusé de l'emmener ; mais maintenant nous voici en pleine mer, les vents sont favorables, la grande œuvre que nous avons entreprise est commencée, et je me dis qu'après tout je ne dois pas me montrer plus scrupuleux qu'un père tel que vous quand il s'agit de son unique enfant ; promettez-moi, mon ami, que ni vous ni Mlle Mirrine, vous ne négligerez rien pour garder ce secret , non seulement vis-à-vis de tous les gens qui font partie des équipages, mais encore, et sans exception, vis-à-vis de toutes les personnes qui composent l'expédition. Moi-même, à partir de cette heure, je prends l'engagement formel d'oublier la confidence que vous m'avez faite et de ne me souvenir jamais que nous avons à notre bord une personne autre qu'Alexis Polowskine, le neveu et le secrétaire du noble M. de Kolikof, le glorieux explorateur de la Sibérie.

Le conseiller intime remercia avec effusion l'aimable géographe français, et regagna tout joyeux son appartement. Quand il ouvrit la porte, il vit accourir un grand et beau jeune homme soigneusement emmitouflé dans un vaste et précieux manteau fait de peaux de martes.

— Eh bien ? dit le jeune homme ouvrant anxieusement deux grands yeux noirs remplis de flammes.

— Eh bien ! M. d'Harvillers accepte le concours de mon secrétaire Alexis, répondit gaîment M. de Kolikof en posant sur le front de son interlocuteur un baiser retentissant.

CHAPITRE II

UNE TEMPÊTE DE NEIGE.

A mesure que le *Pôle-Nord* franchissait la distance, la température, assez douce au moment du départ de Tromsoë, devenait plus froide. Matelots et membres de l'expédition avaient dû revêtir leurs chauds costumes d'hiver. M. de Kolikof, depuis longtemps habitué à lutter contre les frimas, avait fait confectionner en Russie un grand nombre de vêtements amples et commodes qu'il avait distribués à tous ses compagnons de route. Ces vêtements, faits d'une double peau de ces moutons, au poil noir et frisé, connus sous le nom de moutons d'Astrakan, donnaient à tout l'équipage un aspect des plus pittoresques et faisaient ressembler les voyageurs à des Esquimaux élégants.

Cependant la plus grande activité régnait à bord. Pendant que les mécaniciens donnaient leurs soins à la machine et que les matelots offraient au vent la surface de toutes les voiles du navire, les savants ne restaient pas inactifs. On était dans la saison et sous la latitude où le soleil ne disparaît jamais complètement à l'horizon, et où la nuit est à peine un court crépuscule. Les serviteurs, les préparateurs, les aides des membres de l'expédition scientifique allaient et venaient sur le pont avec l'empressement et l'activité des habitants d'une fourmilière.

Le charpentier du bord, aidé de deux ouvriers attachés à M. Emile Belinfante, savant physicien belge, établissait en haut du grand mât un appareil compliqué, qui excitait au plus haut point la curiosité de tout l'équipage et dont personne ne s'expliquait l'emploi. D'autre part, des instruments de toute nature avaient été placés par les soins de M. Peters Walker dans le but de noter attentivement tous les phénomènes météorologiques ; c'était, au sommet d'un mât et au-dessous d'une girouette indiquant la direction du vent, une roue horizontale tournant sur son axe avec plus ou moins de rapidité et enregistrant par un ingénieux mécanisme le nombre de tours qu'elle faisait pendant un espace de temps déterminé ; là, le baromètre, soigneusement protégé par un grillage métallique serré, faisait connaître la pression atmosphérique ; ici un thermomètre indiquait le refroidissement de la température. Des vases gradués devaient donner d'une façon exacte la mesure des quantités d'eau ou de neige qui tomberaient ; de petits carrés de papier suspendus à une vergue étaient destinés à faire connaître, suivant l'intensité de la teinte violette qu'ils prendraient, la quantité d'ozone contenue dans l'air. Bien d'autres instruments aux formes originales et même fantastiques excitaient au plus haut point la curiosité des matelots.

M. Jules Rousset et sir William Seedling avaient organisé, avec l'aide de leur collègue hollandais, l'entomologiste Caarelsen, et l'Italien M. Pietro Lanfanti, un cabinet d'histoire naturelle dans lequel viendraient se ranger toutes les collections précieuses qu'ils pourraient recueillir pendant le cours de leur voyage. Tout un laboratoire était prêt, desservi par deux préparateurs naturalistes qui n'attendaient que des oiseaux ou des quadrupèdes pour les dépouiller de leurs peaux et les mettre en état de se conserver jusqu'au retour de l'expédition. Les deux jeunes savants, M. Rousset et M. Seedling, venaient de mettre la dernière main aux coquets arrangements de leur cabinet d'histoire naturelle, quand ils virent entrer Alexis Polowskine, suivi d'un grand et robuste gaillard auquel le jeune Français adressa son meilleur sourire.

— Quel événement nous procure votre visite ? dit-il en s'adressant aux deux survenants.

— Il y a, monsieur Rousset, dit Alexis, un vol énorme d'oies ou de canards qui passe en ce moment au-dessus du navire ; pensez-vous qu'il soit utile d'essayer d'en tuer quelques-uns ?

— Parbleu ! mais je vous suis moi-même, dit le jeune savant

en saisissant une magnifique carabine placée dans un coin du laboratoire.

Quand ils arrivèrent sur le pont, ils furent témoins d'un spectacle vraiment remarquable. Dans toute l'étendue du ciel, un peu restreinte par la brume de l'horizon, on voyait une véritable nuée d'oiseaux qui s'avançaient en rangs pressés et volaient hâtivement dans la direction du sud. Leur nombre était si considérable que l'intensité du jour en était diminuée. M. Rousset épaula sa carabine double, et deux coups de feu se firent entendre, sans que d'ailleurs on vît rien bouger dans le nuage animé qui passait dans le ciel.

— C'est hors de portée ! Qu'en penses-tu, Henri ? dit M. Rousset, s'adressant au jeune homme qui avait accompagné le neveu du savant russe.

Celui qu'on appelait Henri était un grand et fort garçon d'une trentaine d'années, aux larges épaules, à la carrure athlétique, aux cheveux noirs, épais et légèrement crépus. Il sourit et répondit :

— Il faudrait voir !

En même temps il épaula son fusil et deux nouveaux coups de feux retentirent. On vit deux points noirs, d'abord peu perceptibles, se détacher de la tache sombre, puis grandir et tomber lourdement sur le pont du navire. C'étaient deux oies énormes que l'adroit tireur venait de tuer à la prodigieuse distance où se trouvaient les oiseaux passagers.

— Bravo ! dit M. Rousset, c'est un vrai coup de maître ! car il a fallu tirer d'une façon absolument perpendiculaire pour que notre proie ne nous échappât pas. Je reconnais bien là mon vieux braconnier.

— Dame ! répondit Henri, à quoi nous aurait servi de déranger ces pauvres bêtes, qui s'en vont dans nos pays chercher des régions moins froides, si les victimes avaient dû tomber en pleine mer et nous échapper ainsi forcément.

Comme le jeune Alexis félicitait de nouveau le chasseur de son adresse et de la sûreté de son coup d'œil :

— Cher Monsieur, répondit celui-ci, ce n'est pas malin de faire ce qu'on veut quand on a une arme comme celle que m'a donnée M. Jules Rousset; si, dans mon pays, j'avais eu un fusil pareil, il ne serait plus rien resté pour les chasseurs mes confrères.

En disant ces mots, il tendit au jeune Russe une superbe carabine à deux coups qui sortait des ateliers de l'habile armurier parisien Lepage.

— Vous avez vu comme cela porte la balle ! Quand j'ai mes deux coups chargés à balles, il n'y a pas de bête féroce au monde qui soit capable de me faire peur.

Henri Ledru était un camarade d'enfance de Jules Rousset. Ils étaient nés dans le même village du département de l'Isère; mais, tandis que l'un était allé à Paris pour poursuivre ces fortes études qui devaient le classer si tôt parmi les plus éminents savants du globe, l'autre avait passé sa vie à courir les montagnes et à faire une guerre acharnée aux derniers chamois qu'on rencontre encore sur les pics les plus inaccessibles des Alpes. Sa réputation d'habile chasseur n'avait pas tardé à être universelle à vingt lieues à la ronde.

Quand il avait pris la résolution de faire partie de la grande expédition scientifique dans les mers polaires, M. Jules Rousset avait pensé à son ami d'enfance et avait bien vite compris tout le parti qu'il y aurait à tirer de son adresse, de sa force et de sa double habileté comme chasseur et comme pêcheur. La gloire de faire partie d'une semblable entreprise n'aurait certainement pas suffi pour décider le paysan à quitter ses montagnes, mais son ami n'eut qu'à faire briller devant lui la perspective de la chasse aux baleines, de la poursuite des morses, de la lutte contre les ours blancs, pour vaincre toutes ses hésitations. Henri Ledru fut attaché à l'expédition à titre de chasseur, et l'on voit que dès le principe on eut à se féliciter du choix qu'on avait fait de lui.

Les deux victimes de l'adresse de Ledru furent emportées aussitôt dans le cabinet d'histoire naturelle, où, en quelques instants, les préparateurs les eurent dépouillées de leur peau, qui fut soigneusement enduite des matières propres à la conserver.

Comme on le voit, les liens d'amitié qui unissaient M. Jules Rousset et son collègue d'Angleterre n'avaient fait que se resserrer ; d'un autre côté, le jeune Alexis Polowskine, que ses goûts

personnels et ses études antérieures portaient de préférence vers
l'application des sciences naturelles, n'avait pas tardé à se rapprocher des deux savants. Sa gaîté et sa franchise, la facilité avec
laquelle il conversait en anglais ou en français, enfin une sorte
de sympathie naturelle avaient rapproché ces trois jeunes gens.
Souvent réunis dans le laboratoire, ils passaient de longues heures
à causer amicalement de leur enfance, de leurs voyages. C'est
surtout dans les causeries de cette dernière nature que brillait le
jeune Russe. Pendant la longue et difficile exploration qu'il avait
faite, en compagnie de son oncle, dans les inhospitalières contrées de la Sibérie du Nord, il avait beaucoup vu, beaucoup étudié et beaucoup retenu. Quelques échantillons de la faune et de
la flore de cette contrée glacée, qui lui avaient paru mériter une
attention toute particulière, avaient été apportés par lui dans ses
bagages et il les avait soumis aux savantes études de ses deux
nouveaux amis ; ceux-ci, de leur côté, ne négligeaient aucune
occasion pour se rendre agréables à l'aimable secrétaire de M. de
Kolikof.

Il y avait dix jours déjà que l'on avait quitté le port de
Tromsoë, et le capitaine Torell interrogé avait dit qu'on ne tarderait pas à apercevoir l'île de Jean-Mayen. L'expédition devait
y faire relâche si elle pouvait y aborder ; dans le cas contraire,
il était convenu qu'on ferait une station de quelques jours dans
les environs, afin de s'y livrer à des sondages et à des recherches
sous-marines. Les deux navires l'*Elisa Kane* et le *John Franklin*,
qu'on avait laissés en arrière, avaient été prévenus que c'est dans
ces parages qu'ils pourraient rejoindre le *Pôle-Nord*. L'on s'en irait
ensuite autant que possible de conserve, gagner la côte du
Groënland.

Le temps était toujours on ne peut plus favorable. Le vent
sud-sud-est, qui avait d'abord soufflé, s'était tout à coup dirigé
vers l'ouest, et si les voyageurs n'eussent pas eu une provision
de charbon plus que suffisante pour atteindre un point de la côte
où il leur serait possible de se ravitailler, ils auraient pu avec la
seule voiture, grâce à une bonne brise d'arrière, accomplir cette
première étape de leur voyage dans des conditions suffisantes de
vitesse. Bien que le froid, de plus en plus vif, eût atteint quatre

ou cinq degrés au-dessous de zéro, on n'avait encore aperçu aucune trace de glace, ni autour du navire, ni dans les brumes lointaines de l'horizon.

Le 26 juin, le vent changea subitement et se mit à souffler du nord avec une grande impétuosité ; le thermomètre descendit tout à coup à 7° ou 8° de froid ; toute la toile fut repliée, et l'on dut ne plus marcher qu'à l'aide de la vapeur.

Le capitaine Torell était monté sur le pont et commandait la manœuvre avec cette netteté tranquille qui caractérise les vieux marins, habitués à affronter le danger. Un maître d'équipage s'approcha de lui et le tirant par la manche de son habit :

— Avez-vous vu ça ? dit-il.

Et il lui montra au loin vers le nord une petite tache bleue qui semblait se détacher comme un coin de ciel d'Orient au milieu des teintes grises de la brume.

— Oui, c'est bon, mon vieil Otto ! dit le capitaine, d'un ton bienveillant, au matelot. Tu connais ça, toi ; nous allons avoir de la neige et il faut se bien tenir.

Cependant, aux commandements nets et précis du capitaine, les matelots se pressaient sur le pont. Toutes les voiles furent carguées, tous les focs furent amenés. Les mâts ne parurent plus bientôt que comme les arbres d'une forêt qu'on aurait dépouillés de leurs branches. La nuée bleue qu'on avait entr'aperçue à l'horizon s'avançait en s'étendant, et ne tarda pas à couvrir de ses teintes, passées du bleu au gris sale, tout l'horizon qui allait se rétrécissant.

M. de Kolikof monta sur le pont, accompagné de son neveu, et se rapprocha du capitaine.

— Nous allons avoir du mauvais temps ? dit-il.

— Oui, répondit simplement le vieux loup de mer : c'est le commencement de nos tribulations. Mais baste ! ajouta-t-il, le *Pôle-Nord* est solide, et espérons qu'il en verra bien d'autres.

— Est-ce une tempête que nous sommes menacés d'essuyer ?

— Tempête, cyclone, ouragan de neige, tout le tremblement !

— Alors je rentre chez moi et vais prévenir ces messieurs.

— Oui ! Recommandez-leur surtout de rester dans leurs

cabines ; avant une heure d'ici il ne fera pas bon se promener
sur le pont.

— Alors moi je reste ! dit Alexis.

Le vieux capitaine haussa les épaules et s'éloigna en murmu-
rant entre ses dents :

— Blanc-bec, va ! Nous verrons tout à l'heure la mine que tu
feras devant l'ouragan.

D'instant en instant, le ciel devenait plus obscur, et l'on ne
tarda pas à se trouver dans une sorte de pénombre presque aussi
noire que la nuit. Le vent, qui soufflait du nord, s'arrêta tout à
coup, et l'on se trouva pendant quelques instants au centre d'une
immobilité et d'un calme qui, se joignant à l'obscurité, avaient
quelque chose de terrible et de menaçant. L'eau de la mer, qui
ne présentait, quelques instants auparavant, qu'une série de
lames pointues et blanchissantes d'écume, s'étala en quelques
instants en une surface unie et huileuse dont le ton général,
d'un gris blanc, tranchait avec le noir du ciel. Tout à coup,
de la voûte sombre, on vit tomber comme une poussière de
grosses taches blanchâtres : c'étaient des flocons de neige. Au
même instant, un vent forcené accourut de l'horizon et sembla
imprimer à l'Océan tout entier un profond frémissement. Un
éclair de couleur cuivre rouge illumina d'une teinte vermeille
les nuages noirs aux formes fantastiques ; mais aucun bruit ne
succéda à cette éblouissante lumière, et pendant tout le temps
que dura la tempête aucun des éclairs qui se succédèrent rapidement ne fut accompagné de bruit de tonnerre. A chaque instant, tout le nord paraissait en feu, et, s'interposant devant cette
illumination subite, les gros flocons de neige, emportés par la
rafale, semblaient être des boules noires ou de fantastiques papillons. Le vent redoublait de furie ; il passa successivement du
nord au sud, du sud à l'est et de l'est à l'ouest ; les vagues,
devenues immenses, soulevaient comme un fétu de paille le lourd
navire, laissant par instants tantôt son avant, tantôt son arrière,
complètement hors de l'eau et neutralisant ainsi les effets de
l'hélice ; mais la coque large et élastique résistait vaillamment à
ces assauts. La longueur de la quille, calculée de façon à ce que,
dans les conditions habituelles, elle pût s'appuyer à la fois sur

deux lames et rendre ainsi le tangage moins sensible, n'était plus de dimension suffisante pour produire un effet utile, et bientôt le roulis devint si violent que la marche sur le pont fut impossible pour quiconque n'avait pas depuis longtemps le pied marin.

Alexis, dont le bras avait solidement entouré un mât, semblait contempler cet épouvantable spectacle avec un enthousiasme de poète. Des bourrasques de neige venaient fouetter son visage, et bientôt des paquets de mer soulevés par l'ouragan s'élancèrent sur le pont où ils retombaient lourdement. Ils couvraient le navire entier comme un déluge et s'en allaient retomber dans les flots en formant des cascades blanchissantes d'écume, tantôt à bâbord, tantôt à tribord, par les écubiers ouverts. Tout ce qui se trouvait sur le pont, les objets les plus lourds eux-mêmes étaient entraînés comme des brins d'herbe par ces masses d'eau salée et glacée. Alexis, trempé jusqu'aux os, restait toujours, plongeant son regard dans les immensités de cette nuit crépusculaire, solide comme un roc et paraissant rivé au pied de son mât. Sa figure continuait à rayonner d'enthousiasme.

Le capitaine Torell, qui venait de donner l'ordre de suspendre la marche de la machine, passa près de lui et ne put s'empêcher d'admirer son superbe sang-froid.

— Bravo ! jeune homme ! dit-il, vous n'avez pas froid aux yeux, je le constate avec plaisir ; mais croyez-moi, rentrez dans votre cabine, et pour cela appuyez-vous sur mon bras ; nous ne sommes qu'au commencement de la tourmente, et si j'en crois ma vieille expérience, le séjour sur le pont deviendra impossible pour quiconque n'y sera pas solidement amarré.

— Merci bien, capitaine ! dit le jeune homme en souriant, c'est trop beau pour que je renonce à contempler ce sublime spectacle ; néanmoins je suivrai vos conseils.

Et, ce disant, il tira de sa poche une solide courroie en peau de renne qu'il fit passer autour du mât et à l'aide de laquelle il s'attacha étroitement par la ceinture.

Subitement il se fit encore une sorte de grande clarté, la neige cessa de tomber et les éclairs s'éteignirent ; on eût pu croire à la

fin de l'orage : mais ce n'était qu'un instant de répit qui dura à
peine quelques minutes. Une saute de vent se fit tout à coup du
sud-est au nord-est et la tempête, rugissant à nouveau, recommença à assiéger le navire en redoublant d'efforts.

Les éclairs, devenus plus rouges que la pourpre, se succédèrent

Tenons-nous bien, fit Alexis.

si rapidement que la voûte de plomb toujours plus étroite qui
fermait l'horizon semblait incandescente ; les flots de la mer eux-
mêmes, quand ils retombaient de tout leur formidable poids sur le
pont du *Pôle-Nord*, y éclataient en mille gerbes d'étincelles brillantes et répandaient autour d'eux cette clarté mystérieuse dont
les vers luisants, par les nuits d'été, illuminent les prairies. A
la neige succéda une pluie de grêlons, gros comme des balles,
qui produisaient une épouvantable trépidation par le bruit de

leur chute. Alexis se contenta de rabattre son capuchon sur son bonnet de fourrure.

Tout à coup un homme qui s'avançait en rampant se dressa devant lui.

— Qui va là ? demanda Alexis surpris.

— Eh ! c'est un ami ! répondit une voix que le jeune homme reconnut pour celle d'Henri Ledru.

— Mais, malheureux, vous allez vous faire emporter par une lame !

— Cela a failli m'arriver tout à l'heure ; mais maintenant je n'ai plus rien à craindre ! et il saisit de sa main robuste une énorme amarre qui pendait le long du mât.

— Quelle idée singulière vous amène ici à pareille heure et par un semblable temps ?

— Vous ne me croiriez pas, reprit le chasseur, si je vous disais que j'ai une vocation bien prononcée pour recevoir en pleine figure ces bordées de grêlons et ces paquets d'eau froide ; mais quand j'ai appris que vous étiez là tout seul et que vous refusiez de venir vous mettre à l'abri, j'ai pensé qu'il ne vous serait pas désagréable d'avoir quelqu'un qui vînt vous tenir compagnie.

A cet instant même, une vague monstrueuse et phosphorescente, plus haute qu'une montagne, apparut à quelques pas du navire, tout empourprée par les sanglantes lueurs d'un éclair.

— Tenons-nous bien ! dit Alexis.

La mer frissonnante, s'élançant à l'assaut du navire, dont elle semblait avoir juré la destruction, vint retomber lourdement sur les deux hommes, et, se brisant contre le mât qui leur servait d'appui, enveloppa tout d'un sombre nuage d'écume. Quand le torrent d'eau se retira, le chasseur vit avec stupéfaction que la ceinture qui retenait son compagnon s'était brisée et que celui-ci avait disparu.

Un cri se fit entendre :

— Un homme à la mer !

Henri Ledru s'élança vers les bastingages ; il se pencha vers les flots en courroux, puis d'un seul bon s'élança dans l'espace.

— Un second homme à la mer ! cria la vigie.

— Machine en arrière ! une chaloupe à la mer ! larguez les bouées ! dit, d'une voix claire, le capitaine Torell.

CHAPITRE III

LUMIÈRE ET TÉNÈBRES.

Le double cri funèbre poussé par la vigie, et les commandements du capitaine qui se succédèrent, firent naître sur le pont une vive émotion parmi les matelots de service et parmi ceux qui, ayant été requis en raison de l'orage, formaient une sorte de réserve, sans cesse à la disposition du commandant.

Dès que la voix du capitaine Torell eut été entendue, les hommes réunis sur le gaillard d'avant se dispersèrent sur divers points du navire, malgré les efforts de la tempête. Si grande était la discipline qui régnait à ce bord, si grand le dévouement des matelots, si complète la sagesse qui avait présidé à l'agencement du navire, que, moins d'un quart d'heure plus tard, la chaloupe, montée par quatre hommes vigoureux, était descendue dans les flots agités et n'attendait plus pour se séparer du navire que le signal du départ. Vingt bouées solidement amarrées à bâbord et à tribord venaient d'être détachées et lancées à la mer. A travers la rafale, on pouvait les voir s'éloigner emportées par le flot et s'agiter dans une danse fantastique sur le sommet des vagues écumantes.

Ces bouées, d'une forme étrange, dues à l'invention de M. l'ingénieur Edwards Blossom, un des délégués des États-Unis à l'expédition scientifique, étaient rattachées au *Pôle-Nord* par de longs filins d'une solidité à toute épreuve. Lâchées toutes à la fois de chaque côté du navire, elles allaient former au loin en pleine mer comme les tentacules d'une immense pieuvre et offrir aux naufragés, s'ils avaient le bonheur de les rencontrer, des refuges assurés.

Ces bouées étaient circulaires et terminées dans leur partie basse par un cône renversé rempli d'un lingot de plomb fondu qui leur servait de lest et les rendait insubmersibles ; la partie supérieure, affectant la forme d'un haut cylindre, était terminée par une terrasse qu'entourait un solide bordage. Tout autour pendaient des cordes à nœuds et des échelles flexibles destinées à faciliter l'ascension de l'engin sauveteur aux naufragés assez heureux pour pouvoir s'en approcher. Au centre de la terrasse de refuge de ces bouées se trouvait une sorte d'appareil qui avait excité au plus haut point la curiosité des matelots : c'était une espèce de boîte circulaire de 1^{m}35 de diamètre environ, d'une hauteur à peu près égale, faite d'une tôle épaisse, solidement rivée au plancher de la bouée. La partie supérieure de cet appareil offrait une série de petites ouvertures rondes, assez semblables à des bouches de petits canons, dont il était difficile de déterminer l'emploi à première vue. Ces appareils donnaient à la base supérieure du cylindre l'aspect d'une filière, d'une mitrailleuse ou d'une grande écumoire.

Quant à la chaloupe, elle était parfaitement gréée ; une petite machine à vapeur enfermée dans ses flancs était destinée à mettre en mouvement une hélice.

Cette machine, en raison de la nécessité où l'on devait être fréquemment de l'allumer dans des circonstances non prévues, avait été faite de façon à ce qu'elle pût être chauffée à l'aide des huiles lourdes provenant de la distillation du gaz ; elles étaient de ce système qu'a prôné et presque inventé M. Sainte-Clair Deville, et que M. l'ingénieur Alexandre Sallé a utilisé pratiquement dans une machine de la force de trente chevaux pendant la durée du siège de Paris. La clef d'un robinet tourné et la flamme d'une allumette suffirent au mécanicien pour mettre en mouvement l'hélice de la petite embarcation et pour la rendre ainsi prête à affronter les vents et l'orage.

— Larguez la chaloupe ! dit le commandant.

Et l'on vit la gracieuse embarcation s'éloigner, tantôt apparaissant, tantôt disparaissant dans les vagues. La voix du capitaine Torell continuait à se faire entendre par intervalles.

— Machine en arrière !... Machine en avant !... la barre à tribord ! la barre à bâbord !

Tout homme habitué à la mer comprend qu'il s'agissait d'immobiliser le navire le plus possible, pendant tout le temps que durerait le sauvetage. D'une autre part, en donnant à son vaisseau cette sorte de mouvement de va-et-vient, le commandant savait qu'il produirait l'écartement et pour ainsi dire la dispersion des bouées qui, retenues au bout de leurs câbles, seraient venues, sans cela, se réunir en un faisceau dans le sillage du bâtiment.

Ce n'était donc point ces manœuvres qui étaient de nature à émouvoir et à inquiéter de vieux matelots expérimentés comme l'étaient ceux qui composaient l'équipage du *Pôle-Nord*. Cependant quelqu'un qui aurait assisté à leurs colloques, pendant qu'ils se trouvaient réunis sur le gaillard d'avant, eût été vivement surpris par les bizarres appréciations qu'il eût entendu émettre. Lorsque les commandements du capitaine Torell eurent été scrupuleusement obéis, chacun des matelots revint se ranger à sa place habituelle sur cette partie du navire et y attendre de nouveaux ordres. C'était un merveilleux spectacle que ces hommes de fer, aguerris contre les frimas, bravant, sans avoir l'air de s'en apercevoir, les efforts du vent déchaîné, les coups de massue des paquets de mer qui tombaient sur leurs têtes, et, reprenant leur conversation avec le même calme que s'ils eussent été à terre, assis autour d'un broc de genièvre, dans la salle enfumée d'un cabaret bien clos. La prévoyance de M. de Kolikof les avait d'ailleurs mis dans une situation relativement favorable et leur avait procuré un confort auquel leurs navigations antérieures ne les avait point accoutumés. Nous avons dit que, par ses soins, de chauds vêtements doublés en fourrure, garnis de leurs poils serrés à l'intérieur et à l'extérieur, avaient été distribués à tous les hommes composant l'expédition et à tous ceux de l'équipage. Ces vêtements, par une ingénieuse idée, se terminaient au bas des jambes, à la ceinture, au bout des bras et au col par une large bande de caoutchouc qui les retenait étroitement serrés au corps. Un plastron, recouvrant toutes les parties boutonnées, faisait l'office d'une soupape ou d'un obturateur et achevait de rendre ce costume absolument imperméable.

Lorsque le quartier-maître Otto, qui avait surveillé la bonne exécution des dernières manœuvres commandées par le capitaine Torell, revint au milieu de ses compagnons, il les interrogea.

— Quelqu'un de vous sait-il quels sont les hommes que la tempête a emportés ?

Tout le monde resta muet.

— Alors, dit Otto, je vais procéder à l'appel.

Tous les hommes commandés de service étaient présents.

— Serait-ce donc quelqu'un de l'expédition ?

— Il n'y a pas de danger, répondit en riant le matelot Smitt, qui était un des orateurs du bord. Ces terriens sont trop prudents pour venir sur le pont par un temps pareil. Pour mon compte, j'augure mal de cette expédition où nous sommes environnés de toute espèce de sortilèges. Vous avez navigué, vous, Otto, vous aussi, camarades ; aucun de nous ne se trouve pour la première fois exposé à un semblable orage. Mais avez-vous jamais vu des navires de cette sorte ? Qu'est-ce que ces bouées qui s'en vont dansant sur la mer comme des farfadets ? Qu'est-ce encore que ces machines à vapeur qui marchent sans charbon et qu'on allume aussi facilement que des copeaux ? Qu'est-ce aussi que cette boîte amarrée au sommet du grand mât et qui me fait l'effet de n'être rien autre qu'un réceptacle de sorcelleries ?

L'orateur fut interrompu par l'arrivée du commandant qui s'adressa au quartier-maître.

— Otto, dit-il, allez me chercher discrètement M. Belinfante, le physicien, dans sa cabine ; vous l'amènerez vous-même et l'aiderez à marcher sur le pont. En même temps, prenez les mesures nécessaire pour que personne autre, personne, entendez-vous ? fût-ce M. d'Harvillers lui-même, ne sorte de l'intérieur du navire. Placez à l'écoutille un poste de trois homme avec la plus sévère consigne.

Otto prit avec lui trois hommes et s'éloigna, donnant une fois de plus une preuve de cette obéissance passive qui distingue les marins. Quelques minutes après, il revenait tenant par le bras et guidant les pas mal assurés du savant physicien belge.

— Monsieur Belinfante, votre machine est-elle en état de fonctionner ?

— Parfaitement, répondit le professeur. Mais de quel usage

peut être mon appareil par un temps semblable ? Si vous comptez
sur lui pour trouver votre route, je crains bien que vous ne vous
fassiez illusion. Les flocons de neige sont si serrés que l'obscurité
grise qu'ils engendrent est mille fois plus difficile à percer que
la nuit la plus noire.

— Monsieur Belinfante, dit le capitaine, deux de mes hommes
sont tombés à la mer ; les bouées sont au large, et il s'agit d'user
de toutes nos ressources.

— Oh ! alors, c'est bien ! dit le physicien ; nous allons jouer
le grand jeu, ajouta-t-il en souriant, mais il faut avant tout que
quelqu'un aille débarrasser au sommet du mât l'appareil de son
enveloppe.

— C'est bien ! dit le capitaine ; dans dix minutes, vous pourrez commencer. Otto, reconduisez monsieur chez lui.

— Un homme de bonne volonté pour aller donner quelques
coups de hache au sommet du mât !

— Moi ! moi ! dit chacun des matelots présents.

— Tiens ! tu es là, Friès ? dit le capitaine. En ta qualité de
charpentier, c'est à toi qu'incombe la besogne ; que toute la boîte
que tu as posée autour de l'appareil disparaisse le plus tôt
possible ; garde-toi d'ailleurs de rien déranger.

Le charpentier saisit une hache et s'élança vers le mât, au
sommet duquel il ne tarda pas à parvenir, malgré les efforts du
vent qui semblait redoubler de furie et vouloir à tout prix empêcher le courageux matelot d'accomplir sa tâche.

— Ma foi ! dit Smitt quand le commandant se fut éloigné,
j'aime mieux, à tout prendre, que ce soit Friès que moi qui soit
chargé de cette corvée ; je m'attends toujours pour mon compte
à quelques maléfices et à quelque catastrophe.

Il allait continuer son discours, quand ses interlocuteurs le
virent tout à coup pâlir et devenir immobile comme une statue.
Ils suivirent son regard porté vers la pleine mer, et le plus
singulier spectacle s'offrit à leurs yeux.

A droite, à gauche, en avant, en arrière, de longues gerbes de
feu s'élançaient du sommet des vagues et allaient se perdre dans
le ciel. A quelle distance du navire se trouvaient ces météores ?
Nul n'aurait pu le dire ; toujours est-il que des étincelles bleues,

rouges, vertes, sillonnaient l'espace et venaient se refléter comme autant de pierres précieuses dans les cristaux dilatés des flocons de la neige tombante.

Comme si ce spectacle inattendu eût ému la nature entière, le vent, qui jusqu'alors avait redoublé de furie, s'apaisa tout à coup ; mais la neige semblait par contre tomber par flocons plus épais et plus serrés.

— Que vous disais-je ? s'écria enfin Smitt donnant toutes les marques de la plus vive épouvante ; le diable s'en mêle visiblement et rien ne saurait plus nous sauver. Ces feux infernaux qui englobent le navire vont se rapprocher ; ils l'envelopperont de flammes inextinguibles et nous disparaîtrons tous au sein d'un éclair ou d'un immense embrasement.

A l'instant même où il prononçait ces paroles et où ses camarades, superstitieux comme lui, hochaient anxieusement la tête, un nouveau phénomène se produisit, semblant donner immédiatement raison au pronostic désespéré du matelot.

Une immense clarté plus blanche et plus vive que celle du soleil lui-même, dans les régions polaires, éclata tout à coup sur le navire et enveloppa entièrement de ses vives lueurs l'horizon borné qui s'étendait à l'entour.

Tous les matelots réunis sur le gaillard d'avant se jetèrent d'un mouvement unanime à genoux et inclinèrent leurs têtes vers le pont.

Qu'étaient-ce donc que ces miraculeux phénomènes qui effrayaient si vivement l'équipage ?

Il n'y avait là ni sortilège, ni miracle, ni maléfice.

M. Émile Belinfante était l'unique magicien cause de tous ces prodiges.

Rentré dans son laboratoire, il avait réveillé son préparateur ; tous deux s'étaient approchés d'une sorte de piédestal octogonal en fonte, supportant sur chacune de ses arêtes sept forts aimants artificiels en forme de fer à cheval. Les extrémités ou pôles de ces aimants convergeaient tous vers le centre du bâti, occupé par un cylindre en cuivre monté sur axe d'acier. Le cylindre supportait quatre séries de doubles bobines de fer, dont chaque branche était recouverte d'un fil de cuivre enveloppé de soie. L'axe pro-

longé en dehors du bâti faisait corps avec une poulie, recevant,
par une transmission de la machine à vapeur du bâtiment, un
mouvement de rotation de quatre cents tours au moins par minute.
Chaque fois que, par suite de ce rapide mouvement circulaire, les
doubles bobines passaient devant les pôles des aimants, il y avait
production de fluide positif dans le fil d'une branche, de fluide
négatif dans le fil de l'autre.

Au sommet du grand mât, l'appareil caché jusqu'alors, et que
le charpentier du bord venait de débarrasser de son enveloppe,
n'était rien autre qu'un phare ou plutôt une lampe électrique.
Les courants contraires produits dans l'appareil placé dans le
laboratoire du physicien s'accumulaient sur deux conducteurs
communs, auxquels se rattachaient deux gros fils de cuivre isolés
par une enveloppe de soie et dirigeant les courants dans le
phare.

La gerbe de lumière éblouissante qui avait tout à coup envahi
l'horizon et qui projetait sur le pont du navire une clarté comparable à celle du soleil en plein midi n'était autre chose que
l'étincelle électrique jaillissant entre les deux pointes de deux
baguettes de charbon dur, maintenues dans un écart constant,
grâce au jeu de cet admirable mécanisme qu'on nomme le régulateur Foucault-Duboscq. Ce régulateur conservait au point
lumineux une fixité à peu près immuable.

Le phare électrique, ainsi établi à bord du *Pôle-Nord*, se composait de quatre phares semblables, formant un unique appareil
et pouvant ainsi, grâce à des réflecteurs concaves d'une grande
puissance, projeter la lumière à la fois dans tous les sens autour
du navire.

Ce système d'éclairage électrique, qui avait déjà été employé
avec un grand succès pendant le siège de Paris par M. l'ingénieur Bazin, avait été adopté par le physicien belge, qui l'avait
utilisé en se contentant d'y apporter de légères modifications.

Les météores multicolores aperçus par les matelots au loin en
pleine mer et qui avaient excité chez eux, à un si haut point, une
terreur superstitieuse, n'avaient pas une origine plus extraordinaire que la clarté répandue par le phare électrique placé au
sommet du mât.

Une pile puissante, toujours tenue en parfait état dans le laboratoire du savant physicien, était le point de départ de ces lueurs mystérieuses. Nous avons dit que sur la plate-forme de chacune des bouées se trouvait scellée une boîte circulaire en tôle, percée dans sa face supérieure par des trous ronds régulièrement espacés. Ces boîtes ne contenaient rien autre que des fusées d'artifice qui devaient prendre leur essor en s'échappant par ces trous. Un fil métallique, placé dans l'intérieur des câbles qui reliaient les bouées au navire, était mis en communication avec la pile électrique et pouvait ainsi, à distance et à la volonté de l'opérateur, mettre le feu à ces fusées et leur permettre d'aller porter dans les cieux leurs gerbes lumineuses.

Le même fil électrique pouvait, à volonté faire détoner des pétards placés le long des bouées et dont le bruit formidable avait pour but de guider les naufragés et de leur indiquer le point vers lequel ils devaient se diriger pour trouver un refuge.

Cette application nouvelle et si ingénieuse de l'électricité et des découvertes modernes au sauvetage des gens qu'un accident aurait jetés à la mer indique suffisamment à nos lecteurs quelles études sérieuses avaient été faites et quels soins minutieux avaient été apportés à l'organisation de la grande expédition polaire. Ajoutons qu'en poussant un simple bouton placé sur la bouée, le naufragé, parvenu à se réfugier sur cet appareil sauveur, prévenait aussitôt, au moyen d'une sonnerie placée dans le laboratoire, les gens qui s'y trouvaient que telle bouée, portant tel numéro, était devenue le refuge d'un homme ; il ne restait plus à l'équipage qu'à la haler jusqu'auprès du navire, au moyen d'un cabestan, pour que l'homme échappé à la mort pût être réintégré à bord.

Ces explications si simples n'étaient point à la portée des matelots ignorants qui composaient l'équipage du *Pôle-Nord*. D'ailleurs, eussent-ils été assez instruits pour le comprendre, personne n'était disposé à aller les leur donner. Tout le merveilleux courage dont ces hommes vaillants avaient donné tant de preuves s'évanouit devant ces phénomènes dans lesquels ils virent tout d'abord une intervention diabolique. Ils étaient à genoux et marmottaient entre leurs dents quelque vieille patenôtre, retenue depuis l'enfance, quand le capitaine Torell se présenta de nouveau devant eux et les gourmanda de la belle sorte.

— Allons ! tas de paresseux ! s'écria-t-il, que faites-vous, agenouillés comme de vieilles femmes ? Faudra-t-il vous faire mettre des jupons ? Ne voyez-vous pas que la neige cesse de tomber, que la mer se calme, qu'on ne sent plus le moindre souffle de vent ? Grâce à Dieu, la tempête est finie et il n'y a pas lieu de désespérer de voir rentrer sains et saufs les naufragés et les sauveteurs.

En ce moment même, et comme pour appuyer les paroles du commandant, une sourde et lointaine détonation se fit entendre, bien différente du bruit sec et instantané produit par les pétards des bouées.

— Ceci, dit le capitaine, est le canon de la chaloupe. Nos sauveteurs nous font savoir que tout va bien à bord, mais, hélas ! ils n'ont point encore recueilli les naufragés ; le signal eût été dans ce cas deux coups de canon consécutifs.

Cependant la nuit, ou plutôt le crépuscule polaire qui la remplace dans cette saison et à ces latitudes était arrivé. Jamais plus merveilleux spectacle n'avait frappé l'œil d'un marin. Partout, à l'entour du navire, splendidement illuminé par son phare brillant, on voyait étinceler et monter jusqu'au ciel de longues fusées lumineuses qui éclataient dans les hautes régions et retombaient lentement, au milieu de l'atmosphère rassérénée, en pluie d'étoiles multicolores.

Le vieux marin se sentait profondément touché par ce spectacle. Bientôt les matelots eux-mêmes, rassurés par les paroles et par la présence de leur capitaine, se prirent à contempler cette scène si singulière et si grandiose.

Un bruit inattendu vint troubler ce silence contemplatif. Un homme, forçant la consigne, arriva tout haletant auprès du capitaine Torell.

— Monsieur, dit-il, au nom du Dieu tout-puissant, dites-moi où est mon neveu Alexis Polowskine ?

— Demandez-le à ce Dieu que vous invoquez, répondit gravement le vieux marin. Toujours est-il qu'en ce moment même cinq hommes sont en danger de mort pour essayer de lui sauver la vie.

Le vieux comte russe pâlit, il sentit les jambes qui se dérobaient sous lui et tomba inanimé sur le pont.

— Relevez cet homme, vous autres, dit le commandant d'un ton profondément attendri ; portez-le dans sa cabine et qu'on aille chercher le docteur.

CHAPITRE IV

UN DRAME EN PLEINE EAU.

Au moment où une vague énorme, retombant avec force sur le pont du *Pôle-Nord*, avait brisé le lien qui retenait Alexis Polowskine attaché au grand mât et avait entraîné dans sa course impétueuse le jeune secrétaire, celui-ci, sous le coup de bélier de la masse d'eau, avait à peu près perdu connaissance. Il ne poussa pas un cri, ne fit pas un mouvement pour résister au torrent qui l'emportait et il ne se reconnut qu'au moment où, après une profonde immersion, il se retrouvait à la cime d'une vague. Ses yeux en s'ouvrant aperçurent déjà fort loin, noyée dans la brume épaisse, la silhouette indécise du navire qui semblait s'éloigner.

— Oh ! oh ! pensa-t-il, voilà le moment de déployer toute son énergie, d'user de toutes ses forces et de faire appel à tout son courage. Si personne ne m'a vu tomber à la mer, c'est une mort certaine ; si au contraire ma chute a été signalée et que le capitaine ne m'ait pas jugé d'une trop mince importance pour mériter qu'on retarde la marche du navire, il me reste quelques chances de salut.

Et il se mit à nager vigoureusement du côté où il avait aperçu le *Pôle-Nord* disparaissant à travers l'obscurité grise produite par les flocons de neige.

Alexis était vêtu, comme la plupart des membres de l'expédition, de ce costume de fourrure dont nous avons déjà parlé et qui était complètement imperméable. Le froid glacial de l'eau lui parut à peine saisissable et, grâce à l'énergie avec laquelle il nageait, tous ses membres conservaient leur souplesse.

L'orage continuait à gronder et le jeune homme entendait au-dessous de lui, dans les insondables abîmes, des rumeurs sourdes et profondes. C'était comme une immense voix bestiale, qui, partant d'en bas, se mêlait à toute sorte de cris et de rugissements furibonds produits par le vent qui se heurtait contre la crête blanchissante des vagues immenses. Ces rumeurs semblaient former au-dessus de la tête du naufragé une sorte de dialogue monstrueux. Tantôt c'étaient des hurlements semblables à des cris de bêtes fauves, tantôt des clameurs de multitude, tantôt des gémissements presque humains et, par intervalles, des sons mélodieux prolongés, qui semblaient sortir d'un orgue colossal.

Dans ce brouhaha immense, Alexis, depuis longtemps habitué à lutter contre les flots, s'élançait à l'assaut des vagues énormes qui s'élevaient, s'abaissaient, le transportant alternativement à des hauteurs vertigineuses, puis le précipitant ensuite au fond de l'abîme où régnait une obscurité de caverne.

Chaque fois qu'il se trouvait sur la crête d'une de ces montagnes liquides, le jeune homme parcourait rapidement du regard l'horizon trop restreint, hélas ! qui s'étendait autour de lui ; mais le navire, son seul espoir, avait complètement disparu, et de toutes parts on n'apercevait que la solitude immense, les crêtes blanchissantes des vagues et parfois faisant tache sur les rouges éclairs, la nuée grise des flocons de neige semblables à des papillons.

Malgré l'indomptable courage qui formait le fond de sa nature, Alexis commençait à sentir l'espoir l'abandonner peu à peu. Non pas que la fatigue parvînt à le gagner ; depuis longtemps rompu aux exercices nautiques, il sentait sa vigueur plutôt grandir que diminuer. L'eau de la mer est d'une densité telle qu'en temps de calme elle supporte un corps humain sans effort ; agités comme ils l'étaient par la tempête, les flots transportaient comme un morceau de liège cette épave vivante.

Tout à coup, au milieu du fracas de la nature et des bruits inarticulés qui, se fondant ensemble, formaient un concert infernal, un long cri se fit entendre. Alexis prêta l'oreille ; toute son énergie reparut ; c'était, à n'en pas douter, une voix humaine.

— Je suis sauvé ! s'écria-t-il.

Et à son tour il répondit à la voix qui avait retenti par un cri long et sonore.

Lorsque Henri Ledru avait vu restée vide, après le retrait du paquet de mer qui avait enlevé le jeune secrétaire, la place qu'il occupait près de lui et que le cri funèbre : « Un homme à la mer ! » l'eût suffisamment édifié sur l'accident qui venait d'arriver, il n'avait pas hésité. Il s'était approché du bordage et, apercevant au loin déjà une forme noire au sommet d'une vague, il s'était précipité dans les flots, sans même penser un instant que son dévouement devait être inutile et n'aurait pour résultat probable que de livrer à l'abîme deux victimes au lieu d'une.

C'est qu'Henri Ledru n'était point un homme ordinaire ; il appartenait depuis son enfance à cette classe dévouée de sauveteurs que la nature semble avoir créés tout exprès pour sacrifier leur vie en tentant de sauver celle des autres. Né dans un village de l'Isère, très rapproché du cours impétueux du Rhône, il avait, comme tous ses jeunes camarades, appris à nager dès sa plus tendre enfance, à cette époque de la vie où les enfants des villes s'exercent à peine à marcher. Porté par ses goûts vers les exercices violents et les entreprises aventureuses, il était devenu de bonne heure un chasseur intrépide et le plus habile des pêcheurs de truites. Sa vie tout entière s'était écoulée tantôt sur le sommet des montagnes où il poursuivait, sautant de rocher en rocher, les izards et les chamois, tantôt dans le cours du fleuve où il allait chercher, en plongeant sous les roches profondes, les truites dans leurs retraites souterraines. Bien souvent il avait eu occasion de faire preuve de son mépris pour sa propre vie et de son dévouement pour l'humanité. Toute une brochette de médailles de sauvetage, qu'il n'accrochait sur sa poitrine que dans les grandes circonstances, témoignait de sa vaillance et de ses actes de courage.

Dès qu'il eut franchi le bordage du *Pôle-Nord* et qu'il disparut dans le brouhaha des flots irrités, il se sentit envahi par un froid subit. C'est qu'il n'avait pas, comme Alexis et comme les marins du bord, revêtu le costume qu'il devait à la libéralité de M. de Kolikof. Habitué depuis son enfance à supporter les intempéries des saisons, amoureux surtout de la liberté de ses allures et de ses mouvements, il avait, dès le principe, déclaré incommodes ces vêtements qui lui collaient au corps et lui paraissaient, en raison de leur chaleur, destinés à des sybarites. Son costume se composait d'un large pantalon de toile épaisse et d'une veste de drap dont il se débarrassa vivement dès qu'il remonta à la surface des flots.

— Brrrrrou ! dit-il, il fait ici un froid de loup et il s'agit de se remuer pour ne pas être gelé.

Puis, avec cette insouciance de l'homme habitué aux dangers, il s'élança en nageant vigoureusement du côté où il avait aperçu flotter le corps du jeune Russe.

Malheureusement Henri Ledru, très aguerri contre les flots impétueux du Rhône, était fort inexpérimenté en ce qui concerne la natation dans les eaux agitées de la mer. Il ignorait qu'aucune force humaine ne peut dompter le flot et qu'il s'agit seulement de se livrer à lui sans tenter une lutte inutile. Les efforts qu'il faisait rendaient à ses membres la souplesse et la chaleur ; mais leur continuation ne pouvait manquer d'amener, dans un temps plus ou moins long, une fatigue qui pourrait lui être fatale.

Chaque fois qu'il se trouvait au sommet d'une des montagnes liquides qu'il avait péniblement escaladées, il cherchait vainement à s'y maintenir et promenait en tous sens ses regards pour rechercher l'homme auquel il désirait apporter ses secours : la montagne liquide se dérobait sous lui et, avant qu'il eût eu le temps de la réflexion, il se trouvait transporté au fond d'un nouvel abîme.

Bientôt il s'aperçut avec effroi que non seulement il ne voyait point le naufragé, mais encore que le navire avait disparu et paraissait avoir été englouti par les flots en courroux. Déjà ses forces commençaient à faiblir ; c'est alors que l'idée lui vint de pousser un cri ; Alexis l'entendit et y répondit par un cri semblable.

Il n'était point besoin d'être sorcier pour comprendre qu'au milieu du vacarme épouvantable de la nature ces deux éclats de voix, pour être si distinctement perçus, devaient partir de deux points rapprochés. Les deux nageurs s'évertuèrent donc à se diriger du côté d'où venait le son qu'ils avaient entendu.

Quelques instants après, ils nageaient côte à côte.

— La mer vous a donc enlevé en même temps que moi ? demanda Alexis.

— Pas le moins du monde, reprit simplement le chasseur ; je vous ai vu en péril ; j'ai entendu crier : *Un homme à la mer !* et je suis venu à votre secours.

— Vous avez fait cela ? dit le jeune homme ému jusqu'aux larmes ; mais, malheureux, vous n'avez donc pas songé que vous vous perdiez vous-même sans aucune chance de m'être utile ! Le navire poussé par la bourrasque est sans doute loin de nous et un miracle seul peut nous sauver. Qui sait d'ailleurs si l'on se sera même aperçu de notre disparition ?

— Mais quand je vous dis qu'on a crié : Un homme à la mer !

— Vous en êtes sûr ?

— Parbleu ! je l'entends encore.

— Alors nous avons droit de conserver quelque espérance ; courage donc et attendons les événements !

Au moment où ils échangeaient ces mots, les deux jeunes hommes virent s'avancer vers eux une lame immense, haute comme une montagne et dont la crête blanchissante se recourbait comme un panache.

— Attention ! dit Alexis ; livrez-vous au flot et laissez passer.

C'est ainsi qu'il fit lui-même, et Ledru le vit, enlevé comme par une force surnaturelle, glisser sur les flancs de la lame et disparaître dans les flocons d'écume qui couronnaient son sommet. Il n'avait point par malheur l'expérience du jeune Russe et ses efforts n'aboutirent qu'à l'engouffrer sous l'immense masse liquide sous laquelle il disparut.

Un plongeon, même prolongé, n'avait rien de bien terrifiant pour un homme qui, comme lui, s'était habitué dès l'enfance à séjourner sous les eaux pendant des minutes entières. S'il se fût contenté de laisser passer la vague, au lieu de tenter de la traverser, il eût été bientôt enlevé à la surface comme un simple bouchon de liège ; mais il continuait à nager entre deux eaux, et quand il arriva à pouvoir respirer, il était à bout de forces.

Il regarda éperdu autour de lui : Alexis Polowskine avait disparu.

Alors il poussa un second cri désespéré.

Sa voix était si stridente, dans cet appel suprême il y avait une si mortelle angoisse, que le jeune Russe, qui ne se trouvait d'ailleurs qu'à une distance relativement faible, se précipita avec une ardeur fébrile du côté où était parti l'appel de son compagnon. Quand il réussit à arriver près de lui, il le trouva pâle, sans forces, épuisé, presque inanimé.

— Il était temps ! dit-il.

Le chasseur n'eut pas la force d'ouvrir les yeux ; il tenta un suprême effort, mais ses membres, engourdis par le froid et la fatigue, refusèrent de le servir, un nuage sanglant passa devant ses yeux ; il se releva à demi et retomba dans le flot comme une masse inerte.

— Bon ! dit Alexis, il ne me manquait plus que cela ; le voilà évanoui, et maintenant notre mort à tous les deux est certaine, car pour rien au monde je n'abandonnerai cet homme généreux qui, de gaieté de cœur, a sacrifié sa vie pour sauver la mienne. Il ne me reste plus, ajouta-t-il en passant sa main sous la poitrine de son compagnon épuisé, qu'à l'empêcher le plus longtemps possible de se noyer tout à fait et à attendre les événements.

La tempête continuait à rugir et semblait redoubler de violence.

Dans les moments les plus désespérés, il reste toujours au fond du cœur humain un sentiment profond, que rien ne peut déraciner, c'est l'espérance. Alexis Polowskine se prit à réfléchir :

— Ou le navire est à notre recherche, et alors, d'un moment à l'autre, il peut signaler sa présence par un moyen quelconque. Un canot peut-être a été mis à la mer ; les bouées ont été certainement lancées, et il est possible que nous ne soyons qu'à quelques mètres d'un de ces engins de salut. Si, au contraire, le capitaine Torell n'a pas pu ou n'a pas cru devoir arrêter la course de son navire, nous sommes absolument perdus, et ce n'est plus là qu'une question de minutes. Il est évident que, bien que je ne sois point encore fatigué, je ne puis songer à résister éternellement à la mer en furie et à soutenir mon malheureux camarade jusqu'au passage absolument improbable d'un autre bâtiment. Donc, à la garde de Dieu ! résistons jusqu'au bout : c'est le devoir de tout être qui se trouve placé devant une mort même inévitable.

A cet instant, une détonation lointaine, bien distincte de tous les bruits de la tempête, se fit entendre et fit tressaillir le jeune homme.

— On nous cherche, dit-il, maintenant j'en suis sûr ; courage donc, et ne perdons de vue aucun signal qui pourrait nous guider !

En disant ces mots, les yeux d'Alexis s'étaient portés vers la voûte assombrie du firmament et il constatait déjà, non sans joie, que le vent commençait à tomber, et que les hurlements de la tempête diminuaient sensiblement. Une lueur subite, qui n'était point celle d'un éclair, lui apparut au loin à l'horizon, s'élançant du sein des flots et montant lentement vers le ciel.

— Les fusées d'artifice des bouées ! s'écria-t-il subitement, frappé par une idée lumineuse.

Et tout en soutenant toujours son compagnon évanoui, il plongea avidement ses regards dans l'immensité toujours obscurcie par la neige, mais où les vagues diminuaient de hauteur et semblaient s'étendre progressivement en pente plus douce, comme si elles essayaient de reprendre leur niveau accoutumé.

Bientôt une lueur immense embrassa l'horizon tout entier et vint poser, semblables à des diamants, des étincelles brillantes sur les flocons pressés de la neige. C'était le phare électrique du *Pôle-Nord* qui s'allumait, et dès lors, s'il eût voulu abandonner son compagnon mourant, le jeune Russe pouvait être certain d'avoir lui-même la vie sauve.

Cette pensée égoïste ne lui vint pas un instant, et il eût préféré cent fois mourir que de commettre un acte que sa conscience lui aurait éternellement reproché.

Il songea à faire des efforts pour le rappeler à la vie. Vainement il prit alternativement ses mains dans les siennes, il reconnut bientôt combien, dans la situation périlleuse où ils se trouvaient, il lui était impossible de rien faire qui pût ramener l'existence dans cette sorte de cadavre.

— Qu'importe ? dit-il ; ou je périrai ou je le ramènerai mort ou vif.

L'attention d'Alexis fut bientôt attirée par de nouvelles détonations, que suivirent de nouvelles fusées s'élançant dans les cieux
à des distances plus ou moins éloignées. Il allait se décider à
franchir l'espace considérable qui le séparait d'une de ces lueurs,
quand un éclair plus rapproché illumina le ciel et les flots. Une

Il se mit à hisser son malheureux compagnon.

fusée montant perpendiculairement s'éleva du sein des eaux, à
une centaine de mètres à peine du point où se trouvaient les deux
naufragés.

— Cette fois nous sommes sûrement sauvés tous les deux, dit
le jeune Russe qui, soutenant toujours son fardeau humain et
nageant de l'autre bras, se dirigea, non sans peine, du côté de la
bouée d'où la fusée était partie.

Après quelques minutes d'efforts surhumains, il aperçut enfin l'engin sauveur qui se balançait gracieusement sur le sommet des vagues. Quand il arriva au pied de la bouée, il était au bout de ses forces. Saisissant de la main qu'il avait de libre une des cordes suspendues sur les flancs de l'appareil, il l'attacha sous les bras de son compagnon inerte, de manière à ce que la moitié du corps de l'homme évanoui émergeât au-dessus des flots.

Si la tempête à ce moment avait été dans toute sa furie, tous ces efforts merveilleux du jeune Russe auraient été peine perdue. Les vagues rugissantes et les paquets de mer n'auraient point laissé ainsi longtemps suspendue à moitié hors de l'eau cette épave humaine, et Alexis aurait été contraint de voir emporter par les flots jaloux celui qu'il avait si péniblement amené au pied de la bouée libératrice.

Après avoir solidement amarré son compagnon, le jeune Russe s'accrocha prestement à une échelle de corde ; en quelques instants, il était enfin arrivé sur l'esplanade. Là il respira largement et, sans se préoccuper davantage des fusées qui par intervalles s'élançaient dans les airs, éclataient en gerbes brillantes et laissaient retomber dans les flots leurs gerbes d'étoiles multicolores, il s'arc-bouta solidement contre le bordage de la terrasse et se mit à hisser son malheureux compagnon.

Ce n'était point là une mince besogne ; le long séjour qu'il avait fait dans l'eau, la lutte terrible qu'il avait eu à soutenir pour ne point laisser échapper son précieux fardeau avaient épuisé grandement ses forces. Heureusement il avait, en dehors de cette énergie suprême qui soutient les cœurs vaillants dans les situations périlleuses, une expérience précoce qu'il avait acquise pendant ses voyages antérieurs.

Il y avait le long du bordage des sortes de crochets en bois semblables à ceux dont on se sert sur les bâtiments pour amarrer une manœuvre courante. Chaque fois que le jeune homme se sentait épuisé par ses efforts pour ramener au haut de la bouée le corps inanimé de son compagnon, il avait le soin d'enrouler autour de ce taquet la corde qui lui servait à opérer son sauvetage. Grâce à un nœud très connu des marins, il pouvait reprendre haleine et se reposer quelques instants sans crainte de voir son précieux fardeau retomber à la mer.

Quand le corps inanimé d'Henri Ledru fut ainsi parvenu jusqu'à hauteur du bordage, une nouvelle tâche se dressa devant Alexis, non moins ardue et non moins difficile que la première. Il s'agissait de prendre entre ses bras ce corps inerte et alourdi par son immobilité de cadavre. Il s'acquitta de ce dernier devoir avec autant de bonheur qu'il avait rempli le premier ; mais quand le corps du malheureux Ledru se trouva là étendu à ses pieds, le jeune homme sentit qu'il était arrivé lui-même au dernier degré de la faiblesse et il resta assis et comme immobilisé auprès de cette loque humaine que le froid avait bleuie. et qui ne donnait plus aucun signe d'existence.

Ce ne fut qu'après un quart d'heure de repos qu'Alexis put enfin revenir à lui. Il s'élança au centre de la bouée, ouvrit une petite porte qui donnait accès dans une sorte de placard pratiqué dans la grande boîte aux fusées et en retira quelques flacons qui y avaient été placés par avance.

C'étaient de puissants cordiaux que la prévoyance des docteurs attachés à l'expédition avait fait placer à demeure en ce lieu pour que les naufragés, qui pourraient se réfugier sur les bouées, eussent ainsi les moyens de réparer leurs forces.

Le jeune Russe, complètement revenu à lui, s'approcha du corps inanimé du chasseur; il défit son propre justaucorps et en couvrit les épaules de son compagnon, puis, s'agenouillant près de lui, il souleva sa tête inanimée, ouvrit ses lèvres, y glissa le goulot d'un des flacons et fit pénétrer dans sa bouche quelques gouttes de cordial.

La neige avait cessé de tomber, et le temps rasséréné était devenu plus froid encore. Le noble russe, avec une sollicitude toute fraternelle, frappait dans ses mains les mains froides du paysan qui avait voulu le sauver et qui allait lui devoir la vie. En effet, quelques instants plus tard, le corps inanimé fit un mouvement, et Alexis, posant sur le front de celui qu'il avait sauvé une main tremblante d'anxiété, sentit avec une joie indicible qu'un peu de chaleur était revenue aux tempes.

Il redoubla d'efforts, versa encore dans la bouche du moribond quelques nouvelles gouttes de cordial et il vit ses yeux s'entr'ouvrir.

Henri Ledru, à partir de cet instant, revint bien vite à la vie ; ses yeux embrassèrent son sauveur d'un regard ineffable.

— C'est bien, dit-il ; je vous dois la vie, ce sera à partir d'aujourd'hui entre vous et moi à la vie à la mort.

— Vous ne me devez rien, ami, reprit Alexis d'une voix douce ; vous avez voulu généreusement me sauver, et c'est moi qui ai eu le bonheur de vous être utile. Vous êtes un brave cœur, et, puisque vous m'offrez votre amitié, je l'accepte de toute mon âme. Si Dieu, qui nous a si miraculeusement sauvés tous les deux, le permet, vous verrez par la suite que je sais bien aimer ceux qui m'aiment.

Henri Ledru, complètement revenu de son évanouissement, s'aperçut que son compagnon s'était dépouillé de son vêtement en sa faveur ; il ne voulut jamais consentir à le conserver.

— Je me suis laissé tomber en syncope comme une femmelette, dit-il ; mais une fois n'est pas coutume et je sais supporter le froid.

Il insista tellement qu'Alexis revêtit de nouveau son justaucorps de fourrure. Ce ne fut qu'à ce moment qu'il pensa à donner le signal télégraphique qui devait prévenir les gens du navire que ceux qu'ils cherchaient étaient sauvés.

Les naufragés sentirent bientôt qu'un mouvement de traction s'opérait sur la bouée et, quelques instants plus tard, ils aperçurent, resplendissant comme un vaisseau fantôme, le *Pôle-Nord* illuminé par son phare.

— Quelle mortelle inquiétude doit avoir M. de Kolikof ! dit Alexis.

Cependant, la bouée s'approchant de plus en plus du navire, les deux jeunes hommes purent enfin, aux cris joyeux des matelots, réunis sur le pont pour célébrer leur délivrance, saisir les échelles de corde qu'on leur tendait et reparaître au milieu de leurs compagnons.

Trois coups de canon, partis du *Pôle-Nord*, retentirent dans l'immensité et prévinrent les matelots partis sur le canot de sauvetage que leur besogne était terminée et qu'ils n'avaient plus eux-mêmes qu'à rejoindre le bâtiment.

CHAPITRE V

Pendant la lutte épique et surhumaine soutenue par les deux naufragés contre la tempête, la plus vive émotion n'avait pas cessé de régner à bord du *Pôle-Nord*. L'état de M. de Kolikof, quand il apprit la terrible nouvelle, devint bientôt assez grave pour nécessiter l'intervention de tous les médecins attachés à l'expédition ; le secret de la disparition des deux jeunes hommes, bien gardé jusque-là, fit en quelques instants le tour du navire, et tous les savants explorateurs ne tardèrent pas à courir sur le pont pour venir chercher des nouvelles.

Quant au malheureux conseiller russe, l'émotion qu'il avait subie ainsi à brûle-pourpoint l'avait complètement terrassé ; à une prostration instantanée et absolue avait succédé bientôt une fièvre intense, et le docteur Paul Bernard, chef du service de santé à bord du *Pôle-Nord*, quand on l'interrogea sur l'état du malade, hocha la tête d'une façon significative.

— Je n'en augure rien de bon, dit-il tristement.

Les deux jeunes naturalistes, William Seedling et Jules Rousset, furent les derniers informés de l'horrible accident arrivé à leurs amis. La jeunesse des deux savants et surtout certain côté aventureux de leur caractère les avaient empêchés de s'inquiéter outre mesure des fracas de la tempête. Obéissant à la consigne donnée par le capitaine Torell, ils étaient restés dans leurs cabines. Après une longue discussion sur certain os très mal conservé que le jeune savant français croyait avoir appartenu à un mammouth antédiluvien, tandis que son collègue d'Angleterre voulait n'y voir qu'un vulgaire os à moelle de pot-au-feu, les deux amis s'étaient couchés dans leur hamac et, bercés par le roulis et par le tangage, n'avaient pas tardé à s'endormir d'un sommeil paisible.

Ils en furent tirés par un grand brouhaha. Des voix diverses se faisaient entendre et de sinistres lambeaux de phrases vinrent bientôt les arracher à leur quiétude.

— Je vois qu'il y a folie à vouloir les chercher par ce chien de temps, disait l'un.

— Ce pauvre vieillard en mourra pour sûr, disait l'autre. Il a déjà la figure d'un mort.

— Crois-tu qu'ils sachent nager, au moins ? disait une autre voix.

— Pour le Russe, je n'en sais rien, reprenait un autre. Quant au chasseur, il nage comme un phoque. Je l'ai vu se soutenir sur une haute vague et regarder de notre côté.

Jules Rousset, que ces conversations échangées à la porte de sa cabine avaient réveillé, n'eut pas du premier coup la perception de la grandeur du malheur qui venait d'arriver ; mais il comprit qu'un accident était survenu et alla à la hâte réveiller M. Seedling, dont la cabine communiquait avec la sienne.

Quand les deux jeunes savants arrivèrent sur le pont, toute leur attention fut absorbée par la majesté du spectacle qui s'offrait à leurs yeux. Sur le navire, illuminé par la lumière électrique, tous les gens de l'équipage et tous les membres de l'expédition scientifique étaient réunis ; la blanche clarté qui tombait du haut du mât éclairait cette foule bigarrée de ses lueurs fantastiques. La figure des uns portait les traces d'une grande consternation ; les autres interrogeaient leurs voisins avec anxiété.

— Qu'y a-t-il ?...

— Je ne sais.

— Qu'est-il arrivé ?...

— De quel malheur parlez-vous ?...

Et dans ces feux croisés de demandes et de réponses il devenait impossible de rien saisir de précis et de se rendre un compte exact de la situation. En vain les deux naturalistes prêtaient attentivement l'oreille, ils ignoraient encore ce qui s'était passé, quand, près d'eux, M. Rousset aperçut la silhouette longue et

décharnée du matelot Smitt, dont il s'était plu déjà antérieurement à écouter les pronostics superstitieux et les récits toujours
farcis d'idées bizarres et fantastiques. Il lui fit signe de s'approcher. Le marin vint à pas lents ; il portait empreintes sur son
visage les traces d'une immense consternation.

— Voyons, dis-nous vite, fit le savant français, ce qui est
arrivé et ce qui a attiré ici tout l'équipage et tous les membres
de l'expédition.

— Jésus Marie ! répondit Smitt prenant des poses de prophète,
interrogez Satan lui-même ; il perdra son grimoire au milieu
de toutes ces imaginations d'enfer.

— Mais qu'y a-t-il ? Garde tes réflexions pour toi et viens au
fait.

— Il y a que tous les éléments sont renversés ; que tous les
feux Saint-Elme se sont réunis pour faire un soleil nocturne ;
que les éclairs maintenant, au lieu de venir du ciel, partent du
sein des flots et vont foudroyer les nuages ; que c'est le monde
renversé ; que nous sommes tous perdus, damnés, vendus au
diable ; que de votre vie, de la mienne, de celle du monde
entier, je ne donnerais pas une vieille chique !... Voilà ce qu'il y a.

M. Rousset et son compagnon haussèrent les épaules, tour-
nèrent le dos à cet idiot affolé par la peur, et, voyant bien qu'ils
n'avaient rien à en tirer, cherchèrent à se renseigner ailleurs.

Ils virent passer le quartier-maître Otto et l'appelèrent. Celui-
ci les eut bientôt mis au fait de la terrible situation. Ils étaient là,
anéantis par l'immense douleur qui leur causait cet accident. Les
deux hommes qu'ils aimaient le mieux au monde venaient d'être
victimes ensemble de la plus terrible des catastrophes. Pas la
moindre lueur d'espoir ne prit naissance en leur esprit. Et, en
effet, n'était-ce pas folie que supposer un instant qu'il fût possible à un homme de résister à tant de forces réunies, l'obscurité,
la tempête, le vent en fureur, les vagues pesantes, l'immensité,
l'abîme ? Comment espérer, sans insanité d'esprit, que dans cet
océan sans bornes, malgré les éléments déchaînés, à travers ces
précipices mobiles, au milieu de ces montagnes liquides, sans
cesse en mouvement, on parviendrait jamais à retrouver deux
hommes, deux brins de paille, deux atomes ?

Le jeune académicien français baissa les yeux pour dissimuler une larme qui se faisait jour à travers ses cils.

— Pauvre Alexis! pauvre Henri! murmura-t-il. Tous deux si jeunes, si vaillants, si vigoureux, si pleins de vie! morts tous deux! tous deux à jamais perdus!

Il regarda son ami William et fut étonné du changement que venaient de subir ses traits habituellement impassibles. Son visage était tout couvert de pleurs.

La main du Français alla chercher celle de son collègue d'Angleterre et une chaude étreinte fut échangée.

— Nous ne les reverrons jamais, murmura enfin M. Seedling, que la douleur avait rendu muet jusque-là.

— Hélas! hélas! fit comme un lugubre écho Jules Rousset.

A ce moment même, un cri immense s'éleva sur le pont.

— Les voilà! les voilà! ils sont sauvés tous les deux!

En effet, les yeux des deux naturalistes, suivant la direction que leur indiquait un matelot placé près d'eux, virent au loin, dans les flots de lumière dont le phare du navire inondait l'horizon, apparaître, dansant sur les ondes, une bouée qu'un mouvement insensible, mais continu, ramenait vers les flancs du *Pôle-Nord*. Sur cette bouée se tenaient debout deux hommes dont la silhouette se dessinait en noir sur le fond blanc des vagues bouillonnantes qui s'avançaient dans le lointain. Ces images, en s'approchant du navire, grandissaient à vue d'œil, et bientôt le doute ne fut plus permis.

— Ce sont eux! ce sont bien eux! s'écria M. Jules Rousset. Je cours annoncer cette bonne nouvelle au malheureux M. de Kolikof. Qui sait? je lui sauverai peut-être ainsi la vie à lui-même.

Et il disparut par l'écoutille qui menait à l'entrepont.

Sur le tillac, cependant, les deux naufragés, ramenés sains et saufs, étaient l'objet des démonstrations amicales de tout le monde; matelots et savants s'efforçaient d'être les premiers à leur serrer la main ou à les presser dans leurs bras. Alexis Polowskine ne pouvait retenir ses larmes devant cette unanimité d'allégresse et ces marques d'affection. Henri Ledru, moins démonstratif et plus maître de lui, se contentait de répondre par

des sourires et des poignées de main aux témoignages d'amitié
que lui faisaient les matelots aussi bien que les savants personnages qui composaient l'expédition. Il cherchait dans la foule
une figure qu'il s'étonnait de n'y pas voir paraître. Tout à coup
son visage inquiet s'illumina ; se frayant un chemin à travers ces
amis pressés, il se précipita dans les bras de Jules Rousset qui
revenait d'accomplir sa mission auprès du vieux seigneur russe.

— Jules !

— Henri !

— Je craignais bien de ne te revoir jamais !

Telles furent les paroles échangées. Le jeune savant, quittant
son ami d'enfance, courut embrasser à son tour son ami Alexis ;
celui-ci avait contemplé avec une joie indicible les élans d'amitié
de ces deux hommes que leurs situations si différentes semblaient
devoir tenir éternellement à distance.

— Vous savez, cher monsieur Rousset, que votre ami Ledru
s'est jeté à l'eau pour me sauver la vie !

— Oui ! mais apprenez aussi, reprit vivement le chasseur, que
M. Alexis m'a recueilli en pleine mer, glacé, évanoui comme une
femme. Sacrifiant follement sa vie, il n'est parvenu à sauver la
mienne que par une série de miracles.

— Venez, venez, amis ! dirent à la fois MM. Rousset et Seedling;
venez vous reposer, vous réchauffer et vous réconforter !

En disant ces mots, ils entraînaient les naufragés, quand
Alexis Polowskine, prenant la main de Jules Rousset :

— Sur l'honneur, dites-moi la vérité, fit-il d'un air grave.
Est-il vrai, ainsi que vient de me l'affirmer un officier du bord,
que M. de Kolikof n'a pas été instruit du malheur qui m'est
arrivé, et qu'il ignore encore mon accident ?

— Cela n'est pas exact, répondit le Français en baissant la
tête. M. de Kolikof connaît tout.

— Et comment va-t-il ? dit anxieusement le jeune homme.
Parlez, je vous en prie.

— Il va mal ; une fièvre ardente le dévore, et il ne m'a pas
entendu quand, tout à l'heure, je suis allé lui annoncer votre
salut inespéré.

— C'est bien, merci ! dit Alexis ; puis, serrant énergiquement

la main de Jules Rousset, il s'éloigna en courant et alla voir celui
que la seule nouvelle du danger qu'il avait couru mettait à deux
doigts de la mort. Le jeune naturaliste partit sur ses traces, mais
eut grand'peine à le suivre.

Cependant une énorme activité régnait sur le *Pôle-Nord*. Le
capitaine Torell, profitant de la présence de tout son équipage
sur le pont, se hâta d'utiliser les efforts de chacun pour réparer
les avaries que la tempête avait pu faire, et pour remettre tout en
ordre à bord.

Les bouées de sauvetage, ramenées au navire, furent de nouveau amarrées solidement contre les flancs du navire. Le chef
artificier fut chargé de remettre au complet et en ordre les boîtes
à fusées dont l'utilité venait d'être si merveilleusement démontrée.
Le soleil électrique fut éteint et maître Friès, le charpentier, fut
chargé d'aller rétablir autour de l'appareil son enveloppe protec-
trice. Le canot de sauvetage, remis en place, fut visité avec soin
par un officier du bord qui s'assura qu'en cas d'un nouveau
danger rien ne manquerait à son gréement et à son aménagement.
Enfin, plusieurs matelots, revêtus de scaphandres, furent chargés de profiter du temps d'accalmie qui avait succédé à la
tempête, pour aller visiter l'enveloppe extérieure du navire et
constater les avaries que l'orage aurait pu occasionner.

Cette visite minutieuse jointe à celle de la cale qui avait été confiée au lieutenant Mac-Lead, vieux loup de mer norwégien, témoi-
gna de la bonne construction du *Pôle-Nord*. Pas une avarie importante ne s'était produite pendant l'épouvantable tempête qu'il
avait subie. Quand il eut écouté attentivement les rapports qu'on
lui fit à ce sujet, le capitaine Torell murmura entre ses dents :

— La bête féroce est domptée (c'est ainsi qu'il avait coutume
d'appeler la mer chaque fois qu'elle contrariait ses manœuvres).
Reste à voir comment le *Pôle-Nord* se conduira avec les glaces.

Le capitaine Torell, quand il eut achevé de constater les effets
de la tempête et de faire tout remettre dans un état normal, réunit son état-major et les membres de l'expédition.

— Nous venons, leur dit-il, d'échapper à notre premier danger ; chacun a fait ici vaillamment son devoir ; moi seul, par une
faiblesse que je ne m'explique pas, en permettant à ce blanc-bec

de rester sur le pont pendant l'orage, j'ai failli causer la mort de plusieurs hommes.

Alexis, qui avait été ainsi pris à partie, ne jugea pas à propos de protester, et remercia même le vieux marin par un sourire.

— Vous aurez beau prendre vos airs de bon apôtre, reprit le capitaine Torell d'une voix qu'il s'efforçait de rendre rude, je me tiendrai sur mes gardes, jeune homme ! Mais ce n'est pas de cela qu'il s'agit en ce moment.

A la tempête, continua-t-il, a succédé un temps superbe ; une petite brise du nord a remplacé les vents déchaînés, et il doit sembler à tous ceux qui ne sont pas habitués à naviguer dans ces parages, que nous n'avons plus qu'à nous endormir sur nos deux oreilles et à gagner l'île de Jean-Mayen, notre première station.

— En effet, interrompit le vieux directeur, M. d'Harvillers, il me paraîtrait sage de profiter sans retard du temps favorable et de débarquer le plus tôt possible sur cette côte de Jean-Mayen où nous nous proposons tous de faire des recherches importantes et de récolter des trésors scientifiques.

— Le chiendent, reprit le capitaine qui, malgré les intentions littéraires qui perçaient dans son discours, ne parvenait jamais à l'épurer de certaines expressions pittoresques, c'est que j'ai bien peur que l'abord de Jean-Mayen ne devienne impossible.

— Pourquoi ? demanda M. d'Harvillers.

— A cause des glaces.

— Mais le temps est superbe, et avant notre départ de Norwège, vous nous avez assuré qu'en raison de la saison favorable, nous aurions beaucoup de chances d'aborder à Jean-Mayen !

— Je ne dis pas non, mais les circonstances ne sont plus les mêmes.

— Expliquez-vous.

— La tempête de neige que nous venons d'essuyer venait du nord. Le vent était d'une telle violence qu'aucun paquebot n'aurait pu l'affronter impunément. Nous nous en sommes tirés sans avaries parce que le *Pôle-Nord* est un vaisseau construit spécialement pour l'usage que nous en faisons ; la largeur de ses flancs et l'ampleur de son maître-bau lui donnent dans l'eau une stabilité énorme ; quelque tempête qui survienne désormais, tant que nous serons en pleine eau, vous pouvez rester sans inquiétude, pourvu toutefois qu'il ne vienne pas à des fous l'idée de se jeter à la mer.

Cette fois, le regard irrité du capitaine alla chercher, dans le coin où il s'était modestement assis, Henri Ledru, qui d'ailleurs resta impassible et comme si l'allusion ne le touchait pas.

Le vieux marin continua :

— Ce que je crains, c'est que l'île dans laquelle vous désirez vous rendre ne se trouve, par suite de cette tempête, tellement environnée de glaces, qu'il nous soit impossible d'en approcher.

— Nous couperons la glace, dit l'ingénieur mécanicien Edwards Blossom, des États-Unis d'Amérique.

— Oui, nous essayerons, reprit vivement le capitaine. Mais si nous rencontrons une barrière large de vingt ou trente milles et épaisse de cinquante mètres, tenterez-vous de vous y frayer une route ?

— Comment ! la tempête à laquelle nous venons d'échapper, dit M. Fernandès de Lima, le savant météorologiste espagnol, pourrait-elle avoir fait naître des glaces de la nature de celles dont vous nous parlez ? Le thermomètre n'est presque pas en ce moment au-dessous de zéro, et l'agitation même des flots doit s'opposer à leur congélation.

— C'est justement parce qu'il fait chaud que nous trouverons de grandes glaces, dit avec conviction le vieux marin. Ecoutez-moi bien, et vous ne tarderez pas à partager ma conviction :

« Vous savez comme moi que tous les voyageurs qui ont tenté de s'approcher du pôle par cette large porte que l'océan Atlantique forme entre la Norwège et le Groënland ont été arrêtés dans leur course par une barrière infranchissable. Cette barrière est de deux natures : entre le Spitzberg et la Nouvelle-Zemble, elle consiste en une impénétrable ceinture de glaces amoncelées, qui forment une ligne accidentée, mais ininterrompue. Parmi les problèmes que vous vous êtes proposé de résoudre, se trouve celui de savoir si ces glaces s'étendent jusqu'au pôle ou si, derrière elles, on rencontre cette fameuse mer libre si affirmativement attestée par les uns, si vivement niée par les autres.

« Entre le Spitzberg et le Groënland, on n'a pu s'assurer encore

si cette ceinture de glaçons continue à s'étendre sans interrup-
tion, et ce sera encore là le sujet d'une de nos investigations. Ce
que l'on sait d'une façon certaine, c'est que tout au nord, sur la
côte encore inconnue du continent groënlandais, il doit y avoir
des amas considérables de glaçons, et chaque fois que, dans la
saison clémente, une tempête surgit dans ces régions, elle brise
et sépare ces amoncellements de glaces. Ils viennent alors vers
le sud, en bataillons pressés et formidables, et rendent impossible à un navire toute tentative ayant pour but de se diriger vers
le nord. L'île de Jean-Mayen est située sur le passage de ces
icebergs, et forme à leur marche un obstacle qui les oblige à s'arrêter et à s'entasser près de ses bords. Voilà pourquoi je crains
que nous ne soyons, dès le principe, obligés de modifier notre
itinéraire. »

— J'ai pris bonne note des judicieuses observations du capitaine
Torell, et je commence, en effet, à prévoir des obstacles auxquels
nous pouvions ne pas nous attendre avant notre départ. Cependant je ne suis pas d'avis de modifier notre itinéraire avant de
nous être heurtés contre d'invincibles difficultés. Notre expédition,
en effet, a été organisée spécialement dans le but d'étudier les
phénomènes de toute nature qui s'opposent à la navigation dans
ces mers. Nous n'avons le droit de déclarer une entreprise
irréalisable qu'après l'avoir tentée nous-mêmes. Si telle n'était
pas, en réalité, notre mission, à quoi serviraient les millions
qu'on a dépensés pour organiser ce voyage ? A quoi bon les
navires construits spécialement pour son usage, l'expérience des
marins qui nous conduisent, les lumières et la science réunies
dans ce foyer lumineux formé par tant de savants de pays
divers ?

« Allons donc à Jean-Mayen ; il me paraît, tout en reconnaissant la justesse et l'exactitude des observations de notre
capitaine, qu'on peut justement trouver, dans le fait qu'il nous
a signalé, l'espoir de pouvoir s'approcher de l'île où nous devons
faire nos premiers établissements. Les glaces venues du nord et
chassées par la tempête sont évidemment arrêtées en partie par
cette terre qu'elles rencontrent, et doivent former au nord de
cette île des montagnes formidables de blocs amoncelés. Mais,

par la même raison, n'y a-t-il pas lieu d'espérer trouver un passage au sud et une terre abordable ? La tempête qui a détaché dans les régions boréales les banquises qui s'arrêtent à Jean-Mayen, n'a-t-elle pas dû de même briser les glaces qui, restant de la saison froide, pouvaient encore environner l'île et la rendre inaccessible ? Il y a lieu d'espérer que ces glaces, rompues et chassées par le vent vers l'Océan, ne sont remplacées qu'au nord par celles qui viennent se heurter contre les côtes. Donc, il y a des chances sérieuses pour que la région sud offre un abord facile et peut-être un port sûr. »

Ces paroles du vénérable directeur furent accueillies par un murmure flatteur auquel succédèrent bientôt des applaudissements unanimes. On décida qu'aucune modification ne serait apportée jusqu'à nouvel ordre dans l'itinéraire fixé à l'avance.

L'assemblée allait se séparer, quand le quartier-maître Otto se présenta, et s'adressant, la casquette à la main, au commandant du navire :

— On signale de grandes glaces à tribord, dit-il.

— Messieurs, dit le capitaine, je vous engage à venir voir cela sur le pont ; c'est un spectacle qui en vaut la peine.

La vue des marins est si perçante, que ce n'est que longtemps après qu'ils ont signalé quelque chose à l'horizon, voile ou banquise, que les yeux des passagers finissent par découvrir quelque chose.

Jules Rousset et son ami William Seedling, appuyés sur le bordage de tribord, s'évertuaient vainement à regarder dans les profondeurs de l'infini qui s'étendait du côté du nord ; ils ne voyaient absolument rien. Tout à coup Henri Ledru se présenta devant eux et leur offrit une lunette.

— C'est M. Peters Walcker, l'astronome de Munich, qui m'a chargé de vous apporter cet instrument. Il vous sera peut-être de quelque utilité.

En effet, les deux amis développèrent la lunette, et, l'appuyant sur le bordage, se mirent en observation ; ils ne tardèrent pas à découvrir au lointain des formes blanches.

— On jurerait des cygnes nageant sur le bassin d'un parc, dit Jules Rousset.

Ça me rappelle les Alpes, dit Henri Ledru.

—Oui, mais ces cygnes commencent à me sembler gros comme des chameaux, dit M. Seedling, qui avait à son tour appliqué son œil à la lunette.

Cependant les deux naturalistes virent s'approcher le jeune Alexis Polowskine, auquel ils se hâtèrent de tendre la main.

— Comment va M. de Kolikof ? demandèrent-ils d'une seule voix.

— Merci, mes amis ; grâce à Dieu, mon oncle va mieux et ne court plus aucun danger.

— Cette nouvelle nous comble de joie. — Mais voyez donc ! ajouta M. Seedling, dont les yeux n'avaient pas quitté l'horizon, mes chameaux de tout à l'heure sont devenus de véritables montagnes. On dirait un bouquet d'îles qui s'est mis à notre poursuite. Si nous ne nous hâtons pas, ces masses glacées ne tarderont pas à nous atteindre et nous briseront sous leur choc formidable.

— Oh ! que c'est beau ! que c'est beau ! disait M. Rousset enthousiasmé.

— N'est-ce pas, Monsieur, que rien ne saurait être comparé à ce spectacle ? dit avec une conviction profonde le jeune Russe, qui prit la main du naturaliste français et la serra dans la sienne.

— Ça me rappelle les Alpes, dit Henri Ledru.

— Ou les hauts sommets de l'Ecosse, ajouta M. Seedling.

CHAPITRE VI

Le capitaine Torell, qui examinait avec attention ces glaces blanchissantes à l'horizon, restait silencieux, malgré un grand nombre de questions qui lui étaient adressées par les membres de l'expédition. Bientôt il commanda d'une voix retentissante de mettre toutes les voiles dehors et de s'avancer à toute vapeur dans la direction du sud-est.

MM. Seedling et Rousset, qui ne perdaient pas de vue l'île flottante et continuaient à l'observer à l'aide de leur longue-vue, s'aperçurent alors qu'elle gagnait de vitesse sur le navire, et ils avaient peine à s'expliquer cette marche rapide imprimée à une masse aussi considérable.

— Bien qu'une brise assez vive souffle du nord, dit M. Rousset, je ne comprends pas très bien la rapidité avec laquelle s'avance cette banquise.

— Cela n'est pas une banquise, dit doucement Alexis Polowskine ; on donne ce nom plus particulièrement aux glaces fixes qui se forment autour des continents ou des îles. Les amoncellements que nous voyons sont des *icebergs* ou montagnes de glace.

Sir William Seedling restait muet et continuait à observer l'immense masse cristallisée qui, en se rapprochant, prenait des formes de plus en plus définies et précises. Elle ne tarda pas à arriver à une distance assez faible du navire pour permettre aux observateurs d'en distinguer la silhouette et la structure bizarres.

D'abord l'iceberg leur avait semblé prendre à l'horizon la forme d'un pain de sucre, puis, en se rapprochant, il leur avait

paru ressembler à une immense table carrée, s'élevant au-dessus
des eaux à une grande hauteur. Quand ils en furent plus près, il
présenta encore de nouveaux aspects.

— Regardez donc ! dit le naturaliste français ; on dirait une
tente colossale dont les blanches toiles ne tarderont pas à s'écarter
pour laisser passer quelque géant légendaire qui va venir nous
saluer au nom du pôle nord.

— Moi, dit Henri Ledru, dont les yeux exercés voyaient sans
longue-vue les plus minces détails à de grandes distances,
j'aperçois dans ce bloc informe s'ouvrir un immense souterrain
dont la porte obscure ressemble à l'entrée d'une cathédrale. La
mer se précipite avec furie dans les profondeurs de cette caverne
et je vois distinctement des amas d'écume blanche qui se des-
sinent en silhouette sur le noir de la voûte profonde.

Déjà l'on n'était plus qu'à cinq ou six milles de la montagne
de glace, quand le lieutenant Mac-Lead, s'approchant du groupe
des jeunes gens, leur fit observer que, tout en allant vers le midi,
elle se dirigeait vers l'ouest, tandis que le navire tendait à revenir
à l'est.

— Avant une heure, ajouta-t-il, elle sera près de nous, mais
nous n'apercevrons plus que sa rive orientale et nous n'aurons
plus à redouter le moindre choc.

Les deux naturalistes allèrent annoncer au directeur de l'expédition les résultats acquis par suite des manœuvres du capitaine
Torell. M. d'Harvillers leur demanda s'ils n'étaient point d'avis
qu'il pourrait être utile d'aller visiter cette île flottante et d'y
étudier, avec la structure des glaces, les animaux qui auraient
pu s'y réfugier.

— Ce vœu, dit-il, vient de m'être exprimé par M. Belinfante
et par M. le docteur Nathortst, le chimiste danois, qui a déjà fait
de si belles études dans ce sens.

M. d'Harvillers, sur la réponse affirmative de Jules Rousset
et de son collègue anglais, envoya son secrétaire, François
Richard, pour prier le capitaine Torell de venir dans sa cabine.

Le commandant du *Pôle-Nord* ne tarda pas à se rendre à cette
invitation.

— Pensez-vous, capitaine, dit M. d'Harvillers, qu'il soit possible de retarder la marche du navire et d'envoyer une expédition explorer cette masse de glace qui s'avance à l'horizon ?

— Monsieur le directeur, répondit le vieux loup de mer, bien que cette visite ne soit pas sans danger, elle n'est pas impossible. Je chargerai le lieutenant Mac-Lead de conduire à l'iceberg les personnes que vous me désignerez, et le *Pôle-Nord* louvoiera dans les environs, jusqu'au retour du canot.

— Allez donc, dit M. d'Harvillers ; je vous ferai connaître tout à l'heure le nom des personnes que j'autoriserai à partir.

M. Jules Rousset n'eut pas de peine à faire désigner pour l'accompagner son chasseur Ledru, dont le concours pouvait devenir si utile. Mais quand sir Seedling demanda la faveur d'emmener avec lui le jeune Alexis Polowskine, le vieux directeur se récria vivement.

— De quel secours peut vous être cet étourdi ? dit-il ; pour mon compte, je ne saurais autoriser son départ, à moins que son oncle, M. de Kolikof lui-même, n'insiste pour me le demander. MM. Belinfante et le docteur Nathörtst voudront sans doute, de leur côté, se faire accompagner par leurs secrétaires, et je crois de mon devoir de ne pas multiplier le nombre de ceux qui sont appelés à accomplir ces missions partielles, toujours dangereuses.

Quand Alexis Polowskine apprit le refus que M. d'Harvillers avait opposé à son embarquement pour l'exploration de l'iceberg, il se montra véritablement désolé ; M. Seedling lui affirma qu'une demande de son oncle suffirait pour modifier cette décision ; le jeune homme partit comme un trait et revint bientôt, soutenant la marche mal assurée du vieillard russe, qui n'était point encore revenu de la secousse terrible qu'il avait éprouvée.

L'oncle et le neveu se rendirent dans la cabine du directeur et ils ne tardèrent pas à revenir munis d'un papier signé de M. d'Harvillers et contenant une autorisation en règle.

Cependant un canot avait été mis à la mer ; le lieutenant Mac-Lead et quatre matelots y avaient pris place. Quand le jeune Russe se présenta au milieu des membres de l'expédition désignés pour aller explorer l'iceberg, le capitaine Torell, qui était là pour assister à l'embarquement, se récria.

Il lut le papier que lui tendait le jeune homme, puis il haussa les épaules d'un air de mécontentement.

— Puisque M. le directeur le veut, je n'ai qu'à me soumettre, dit-il ; mais le diable m'emporte si, un jour ou l'autre, ce jeune écervelé ne laisse pas sa peau dans quelque aventure !

Les apprêts du départ furent bientôt terminés, et, moins d'une heure après, à un signal donné, le canot conduisant la petite expédition se détachait du *Pôle-Nord* et s'avançait du côté de la masse glacée, qui n'était plus d'ailleurs qu'à quelques milles. Le lieutenant Mac-Lead avait accepté avec le plus vif plaisir la mission de conduire les savants. C'était, à ses yeux, une occasion unique de faire ressortir son savoir, son expérience et la grande habileté qu'il avait acquise dans ses voyages antérieurs.

En moins de deux heures, le canot, habilement dirigé, était arrivé au pied de l'immense bloc de glace qui s'étendait à perte de vue à droite et à gauche des navigateurs, et dont les bords, en falaises abruptes, paraissaient s'élever jusqu'au ciel.

La légère embarcation louvoya longtemps encore autour de l'île flottante, cherchant un point où le débarquement pût s'effectuer. Partout elle ne rencontra d'abord que des escarpements contre lesquels des marins moins habiles se seraient brisés. Heureusement le matelot placé en vigie signala l'entrée d'une sorte de crique qui paraissait s'étendre profondément dans l'intérieur de la masse glacée. Le canot s'y engagea sans avarie, et les membres de l'expédition, réunis sur le pont, virent, non sans une émotion profonde, que la glace au fond de cette sorte de baie s'étendait en s'inclinant jusqu'à la surface des eaux, ainsi que certaines plages de sable sur les bords de l'Océan.

Le commandant de l'embarcation ne s'approcha pas néanmoins de cette déclivité sans multiplier les précautions. La sonde jetée à plusieurs reprises indiqua d'abord une grande profondeur, puis on put constater que les glaces continuaient à s'étendre au-dessous des flots, mais s'y enfonçaient suffisamment pour permettre à la légère embarcation de s'approcher jusqu'à la partie émergée.

Le débarquement eut lieu, sinon sans difficulté, au moins sans accident, et le canot, solidement amarré dans ce port im-

provisé, y attendit, gardé par deux matelots, le retour des
explorateurs.

Ceux-ci s'avancèrent allègrement le long de la déclivité des
glaces. Ils s'étaient prudemment munis de ces longs bâtons de
houx, portant à une extrémité une pointe aiguë d'acier et à l'autre
un crochet de fer, que les touristes emploient pour aller visiter
les glaciers des hautes montagnes. Et, de fait, la pente qu'ils gra-
vissaient avait plus d'un point commun avec la mer de glace que
les touristes français et anglais vont visiter aux environs de Cha-
monix. Parfois s'entr'ouvraient béantes, sous leurs pieds, de
larges crevasses qu'il fallait franchir d'un élan ou contourner
jusqu'à ce qu'elles offrissent un passage possible.

La pente à gravir s'étendait sur une largeur de 500 ou 600 mètres à peine; elle était rapide, parfois si glissante qu'on ne
pouvait s'avancer qu'en enfonçant profondément les bâtons
ferrés dans la glace. A droite et à gauche s'élevaient des falaises
à pic absolument inabordables et qui, sans leur transparence et
leur teinte verdâtre, auraient ressemblé à de hautes murailles de
granit. D'ailleurs, nulle trace de vie; la solitude, le silence
absolus.

Cette ascension périlleuse dura plus d'une heure. Quand les
explorateurs, épuisés de fatigue, atteignirent le sommet, ils se
trouvèrent en présence d'un spectacle à la fois terrible et merveilleux.

Ils étaient sur un plateau ayant 3 ou 4 kilomètres de longueur,
sur 2 ou 3 kilomètres de large, poli comme une glace et sans la
moindre infractuosité. Une épaisse couche de neige, qui y était
tombée pendant la dernière tempête, s'était fondue à la surface,
puis, par suite du froid survenu, ne formait plus qu'un immense
miroir. Les excursionnistes, en prévision des difficultés qu'ils
pourraient rencontrer, s'étaient munis de patins dont l'usage
leur devenait indispensable. Ils les attachèrent à leurs pieds, et
bientôt ils s'élancèrent en avant, formant un de ces sports européens dans lesquels la population élégante se presse pendant
l'hiver sur les lacs des grandes villes. Au nord et à l'ouest, ils
apercevaient au loin de hautes montagnes de glace formées de
pics entremêlés. Des points noirs affectant différentes formes

qui se dessinaient dans ces masses d'un blanc verdâtre indiquaient soit des fissures profondes, soit des galeries pénétrant dans l'intérieur de ces étranges montagnes. Ils se dirigeaient avec une rapidité vertigineuse du côté de l'ouest pour aller voir de près ces phénomènes singuliers, quand tout à coup Henri Ledru, qui tenait la tête de la colonne, fit sur ses patins une volte-face qui lui eût fait honneur dans un skating d'Europe, et dirigeant sa main vers le sud-est :

— Regardez donc ! dit-il.

Chacun l'imita, et bientôt la troupe entière des explorateurs se trouva réunie et immobile dans un cercle étroit, tous les yeux dirigés vers le point du ciel que leur avait signalé le chasseur.

Le soleil qui, dans cette saison, sous ces latitudes, ne quitte guère l'horizon, apparaissait environné d'une merveilleuse auréole. A sa droite et à sa gauche, l'image de l'astre brillant se reproduisait au milieu de nuages grisâtres, de telle sorte qu'on eût dit que trois soleils éclairaient la nature. L'auréole lumineuse, qui formait un demi-cercle autour de ces trois disques enflammés, semblait faite de poudre d'or et resplendissait d'une lueur fauve. Plus loin, un autre demi-cercle parallèle au premier et éloigné du soleil d'environ 46° formait un large arc-en-ciel contenant, brillantes et rangées dans leur ordre habituel, toutes les couleurs du prisme.

Les explorateurs émerveillés contemplaient ce spectacle magique et suivaient dans toute l'étendue de l'atmosphère un cercle de lumière du plus vif éclat qui traversait le soleil et ses parhélies et qui occupait tout l'horizon.

Cette vue était si merveilleuse, toute la palette de la nature s'y déployait avec une telle magnificence, qu'aucun des spectateurs ne se sentait la force d'exprimer son admiration. Ce fut M. Émile Belinfante qui le premier rompit le silence.

— J'avais, dit-il, dans les relations laissées par le grand navigateur Parry, lu la description d'un phénomène céleste de cette nature ; mais que j'étais loin de m'attendre à une pareille splendeur !

— Est-ce que vous pourrez, demanda naïvement Ledru, nous expliquer les causes de ce que nous voyons ?

— On explique tout, répondit en souriant le physicien belge ; quand on ne trouve pas la raison vraie d'une chose anormale, on en invente une qui, sous le nom d'hypothèse, satisfait les esprits jusqu'à la découverte de la vérité.

— Pour mon compte, s'écria Alexis, que m'importent les vaines explications scientifiques ? un spectacle pareil se voit, se contemple, s'admire, mais ne saurait ni se décrire, ni se peindre, ni donner lieu à des théories plus ou moins ingénieuses.

Jules Rousset se tourna vers le matelot Smitt qui était un de ceux désignés pour accompagner l'expédition ; il s'étonna de ne pas lui voir la mine effarée.

— Cela ne t'effraye donc point ? dit-il.

— Moi ! répondit le vieux marin norwégien ; pourquoi cela m'effrayerait-il ? ce n'est point la première fois que j'assiste à un pareil spectacle et je sais qu'il n'y a rien là d'extraordinaire. Le bon Dieu qui a fait un soleil peut bien en faire trois quand ça lui plaît ; ce que je n'aime pas, c'est de voir des hommes comme moi se mêler d'imiter le créateur de toutes choses et fabriquer pendant la nuit un soleil et des étoiles.

— Mon ami, dit doucement le naturaliste français, il n'y a pas plus de sortilèges dans la lumière électrique que tu as vue à bord que dans le magique phénomène auquel nous assistons.

Le matelot hocha la tête.

— Je sais bien, dit-il, que jamais les sorciers n'avouent leurs maléfices. Pour mon compte, je dis et je répète que tout ça finira mal.

Cependant le phénomène lumineux commençait à s'éteindre ; les explorateurs virent successivement disparaître de larges taches blanches qui se trouvaient dans l'intérieur de l'arc lumineux. Les couleurs du prisme qui formaient l'espèce d'arc-en-ciel entourant les trois soleils s'éteignirent par degrés, se mélangèrent, puis disparurent. Les deux disques lumineux placés de chaque côté de l'astre du jour se rapprochèrent peu à peu de lui et finirent par se confondre en un seul. Le ciel reprit son aspect accoutumé. Les explorateurs, encore sous le coup de l'admiration profonde qu'ils avaient éprouvée, se remirent en route. Le steeple-chase recommença et ils arrivèrent enfin au pied des montagnes de glace qu'ils avaient résolu d'aller visiter.

Jamais plus infernal désordre que celui qu'ils avaient sous les yeux ne se montra à des regards humains. C'étaient des entassements cyclopéens de blocs informes. Ici la glace semblait avoir été tordue en forme de vrille par des efforts surnaturels ; là d'immenses cubes avaient été transportés au sommet d'aiguilles pointues, si légères qu'on avait peine à comprendre comment elles pouvaient supporter un poids pareil. L'énorme masse, suspendue à des hauteurs vertigineuses, semblait à chaque instant devoir écraser sous son poids ses frêles soutiens, s'écrouler et se précipiter dans l'abîme. Ces entassements informes laissaient çà et là des ouvertures béantes au fond desquelles régnait une obscurité de caverne. Plus loin, de grandes murailles à pic, fendues dans toute leur hauteur, formaient des sortes de couloirs sombres dans lesquels les explorateurs tentèrent d'abord de s'engager ; bientôt ils reconnurent l'inutilité de leurs efforts. A peine avaient-ils fait quelques pas dans ces failles géantes qu'ils voyaient des abîmes insondables se creuser sous leurs pieds et qu'ils devaient épouvantés revenir à leur point de départ.

— Je crois, dit le lieutenant Mac-Lead, que ce serait tenter Dieu que de vouloir aller plus loin dans ces amoncellements perfides ; je pense donc que nous ferons bien de rejoindre le canot et de regagner le *Pôle-Nord*.

— Pourtant, dit le docteur Nathortst, il me semble que notre excursion terminée ainsi constituerait un insuccès complet. On ne nous attend pas à bord du navire avant deux ou trois jours et j'estime, pour ma part, qu'il est de notre devoir de faire des efforts nouveaux pour visiter les autres points de ce glaçon.

— Moi, dit M. Belinfante, je me range de l'avis de notre lieutenant, et il me paraît qu'à moins d'avoir des ailes il est absolument impossible de gravir les escarpements qui nous arrêtent.

M. Jules Rousset fit signe à son tour qu'il désirait parler.

— Quand bien même, dit-il, l'opinion de notre collègue et celle du brave officier qui commande notre canot seraient indiscutables, et je me réserve à ce sujet de faire quelques observations, il nous resterait à explorer toute la partie méridionale de ce plateau, qui ne me paraît pas bornée, comme celle où nous sommes, par des montagnes inaccessibles. Donc, avant de songer au retour, notre devoir nous impose cette investigation.

M. Belinfante et les autres membres de l'expédition se rangèrent sans discussion à cet avis. Déjà l'on se disposait à se remettre en route pour se diriger vers le sud de l'île flottante, quand M. Rousset reprit :

— J'ai dit que je faisais des réserves en ce qui concerne l'impossibilité absolue d'explorer les amas de glace près desquels nous nous trouvons. Je suis un montagnard et je désire tenter l'ascension de ces amoncellements. Mon ami Ledru me sera dans cette tentative d'une grande utilité ; je propose, en conséquence, qu'il me soit laissé, et, pendant que nous opérerons notre ascension, vous irez, vous, explorer les rives du sud de l'iceberg.

— Messieurs, dit le lieutenant, chacun des savants membres composant l'expédition a ici une autorité supérieure à la mienne ; je n'ai donc aucun moyen de m'opposer à la tentative que se propose de faire M. Rousset. Qu'il me suffise de dire que je la considère comme téméraire et folle et que je dégage absolument ma responsabilité dans cette circonstance.

Tous les membres de l'expédition s'unirent pour faire ressortir aux yeux du jeune Français les dangers de son entreprise ; il se contenta de répondre :

— Soyez rassurés ; rien de fâcheux ne m'arrivera, car je suis décidé à ne négliger aucune des précautions que m'impose la prudence.

Alexis Polowskine s'approcha du jeune naturaliste :

— J'espère, monsieur Rousset, que vous voudrez bien aussi m'accepter comme compagnon de route.

— Quant à moi, dit William Seedling, il va sans dire que je ne vous quitte pas. Les recherches que nous sommes appelés à faire étant de même nature, mon devoir m'impose de vous suivre partout où vous voudrez aller.

Jules Rousset tendit la main au jeune Russe et à son collègue.

— Non, non, dit-il, à chacun son lot ; il importe d'ailleurs, puisque l'expédition se divise en deux parties, que nous nous partagions la besogne. Si je rencontre quelque oiseau ou quelque animal égaré sur cette île de glace, je connais la justesse de coup d'œil de mon camarade Henri Ledru, notre collection s'enrichira de tout être vivant qui passera à portée de son fusil. D'un autre côté, notre jeune ami Alexis nous a souvent parlé de son adresse à la chasse ; ses voyages dans les glaces de la Sibérie lui ont donné une expérience précoce sur laquelle je compte pour protéger mes collègues qui vont être ses compagnons. Je crois donc qu'il importe qu'il fasse partie de ce second groupe.

Alexis voulut parler, mais Jules Rousset l'arrêta en lui disant à voix basse :

— Mon ami Alexis, je vous confie mon ami William Seedling et je compte que vous le ramènerez vivant.

Le jeune Russe saisit vivement la main du Français et lui dit de même :

— Comptez sur moi, monsieur Rousset, mais, au nom de Dieu, soyez prudent !

Henri Ledru s'était rapproché des deux interlocuteurs, et prenant à son tour la main d'Alexis :

— Vous pouvez être complètement rassuré, dit-il ; les glaciers me connaissent, et, tant que je serai vivant, aucun accident ne menace M. Rousset ; nous escaladerons tous les pics qu'il lui plaira de visiter, et l'un et l'autre nous reviendrons sains et saufs.

On consulta les divers membres de l'expédition, et la proposition faite par le jeune naturaliste français fut acceptée à l'unanimité. On convint que les deux petites troupes se rendraient ensuite, chacune de son côté, au canot, où les premiers arrivés attendraient les autres.

Pendant que Jules Rousset et son compagnon Ledru s'éloignaient à droite, longeant les falaises abruptes et cherchant un point favorable à la périlleuse escalade qu'ils allaient tenter, les autres membres de l'expédition prirent la gauche et disparurent bientôt, grâce à la vitesse de leurs patins, dans la brume légère qui commençait à s'élever au sud de l'iceberg.

CHAPITRE VII

M. Jules Rousset et son camarade d'enfance, étant restés seuls, se mirent à parcourir la base des hautes falaises de glace qu'ils avaient résolu d'explorer. Ils en examinaient attentivement tous les détails, regardant si sur aucun point ils ne trouveraient une pente plus douce, qui leur permît l'escalade. Le savant sentait que là sa supériorité scientifique devait céder devant l'expérience de son compagnon ; aussi l'avait-il laissé prendre le devant. L'intrépide montagnard ne laissait point passer une fente quelconque produite dans les hautes glaces sans essayer d'y pénétrer ; il entrait de même sans hésitation, mais non sans prudence, dans les ouvertures formant des grottes ou des tunnels qui se présentaient parfois dans la masse solidifiée. Longtemps ses tentatives furent vaines.

Depuis une heure déjà les deux explorateurs marchaient le long de cette infranchissable muraille et s'avançaient du côté du nord, quand le chasseur fit remarquer à M. Rousset une large faille qui s'avançait tout droit à travers les glaces, coupées en ce lieu comme par la hache colossale d'un Titan. Cette ouverture était droite et se dirigeait de l'est à l'ouest. Les regards en la traversant pouvaient apercevoir au loin à l'horizon brumeux les teintes verdâtres de la mer et les moutonnements blancs produits par les vagues.

L'entrée de cette sorte de passage était difficile et pleine d'aspérités ; ils s'y engagèrent néanmoins, Henri Ledru précédant le naturaliste. A chaque pas, c'étaient des crevasses profondes auxquelles succédaient parfois des séries d'aiguilles pointues qui les rendaient presque infranchissables. Le montagnard, avec la souplesse d'un tigre et la sûreté de pied d'un chamois, prenait son élan, et toujours, de l'autre côté de l'abîme il rencontrait le point d'appui sur lequel il avait compté. Il avait tiré d'une sorte de bissac suspendu à ses épaules une longue corde terminée par un solide crochet. C'était là le pont improvisé dont il se servait chaque fois que la fissure à traverser était trop large pour lui permettre d'en gagner l'autre bord d'un seul élan. Le crochet d'acier pointu, lancé par lui d'une main sûre, allait se fixer de l'autre côté de l'abîme sur une des anfractuosités de la glace, et ce n'était qu'après s'être assuré de la solidité du point d'appui que Ledru, après avoir assujetti d'une façon non moins sûre le bout de la corde du côté du point de départ, s'aventurait, suspendu par les bras au-dessus du précipice, dont il atteignait ainsi la lèvre opposée.

Jules Rousset, nous l'avons dit, était lui aussi un montagnard. Bien que moins exercé que son compagnon, il avait fréquemment, pendant sa jeunesse, couru les hautes cimes glacées des Alpes et bravé les abîmes. Lorsque Ledru était parvenu à l'autre bord d'une crevasse trop large pour être franchie d'un seul bond, le naturaliste n'hésitait pas à prendre à son tour la route périlleuse que le chasseur avait suivie. Mais là aurait commencé une difficulté absolument insurmontable si la sagesse du chasseur n'avait dès longtemps prévu cette difficulté. La corde qui avait servi de pont aux deux explorateurs, solidement amarrée au point de départ, aurait dû être abandonnée, et bientôt, faute de son secours, Ledru et son compagnon auraient été obligés de revenir sur leurs pas. Une combinaison d'une simplicité presque enfantine leur permit de ne point s'arrêter à cet obstacle. Tout le long de la corde solide qui leur servait de pont suspendu courait, retenue par des anneaux en cuir, une forte ficelle de la nature de celles qu'on appelle le *fouet*. Le bout de la corde, amarré du côté que les deux explorateurs avaient quitté, était retenu par une sorte de taquet qui se dénouait à distance en tirant la ficelle. Arrivés tous deux de l'autre côté de l'obstacle, les voyageurs pouvaient ainsi détacher la corde qui leur avait servi d'appui, la ramener à eux et s'en servir de nouveau.

C'est ainsi qu'ils franchirent à grand'peine, et en y consacrant plus d'une heure, une distance qui n'excédait pas 200 mètres. Là ils furent arrêtés subitement. Un abîme profond et insondable se présentait sous leurs pieds. Au fond du précipice béant, on apercevait une sorte de fumée blanchâtre et l'on entendait les mugissements des flots s'engouffrant dans des cavernes souterraines. Impossible de songer cette fois à franchir la crevasse, car non seulement elle était formée de murailles à pic, mais encore elle avait plus de 20 mètres de largeur.

— Il faut nous résigner, dit tristement Jules Rousset, et retourner sur nos pas comme nous sommes venus ; peut-être serons-nous plus heureux dans une autre tentative.

Ledru ne répondit pas ; il semblait plongé dans une profonde réflexion ; ses yeux se dirigeaient parfois vers le ciel et contemplaient comme pour les interroger les hautes falaises à pic et glissantes qui formaient comme les murailles de ce large couloir.

— Je n'en aurai pas le démenti ! dit-il tout à coup.

Il tira de sa sacoche un marteau et une douzaine de crochets longs et pointus qu'il déposa à ses pieds sur la glace.

Jules Rousset ne put s'empêcher de sourire.

— As-tu donc, ami, la prétention d'escalader ces glaces à pic ?

— Pourquoi pas ? dit simplement le chasseur.

Et il se mit incontinent à enfoncer dans la glace, à l'aide de son marteau, un des crochets qu'il avait apportés. Ce n'était pas là une opération facile ; la glace offrait à la pointe la double résistance de sa dureté et de son élasticité. Henri Ledru ne s'étonna pas des difficultés. Depuis longtemps il avait appris à combattre les obstacles opposés par les masses glacées. Grâce à une série de coups de marteau frappés droits et d'aplomb, la pointe des crochets disparaissait peu à peu, et bientôt elle fut assez profondément entrée pour offrir au chasseur un point d'appui solide, sur lequel il posa le pied. S'élevant ainsi de degré en degré, il arriva à atteindre une hauteur de sept à huit mètres. Il rétrograda alors, et, à côté du dernier et de l'avant-dernier crochet enfoncés dans la glace, il en planta deux autres ; c'étaient les derniers qu'il possédât.

— Tu vois bien, mon pauvre Henri, lui cria Jules Rousset,

que te voilà arrêté juste au commencement de ton ascension. Il ne te reste plus qu'à descendre.

— Non pas ! répondit le chasseur ; montez à votre tour et vous allez voir.

Le naturaliste ne se le fit pas dire deux fois ; avec une agilité

Il s'élevait ainsi de degré en degré.

surprenante, il s'élança le long de la muraille glissante et il ne tarda pas à arriver près de son compagnon qui, pendant ce temps, avait posé son pied sur un des crochets placés en dernier lieu, à côté et à peu de distance des autres, et avait attaché au crochet supérieur une longue corde que son compagnon prit dans sa main et qui lui servit de point d'appui pour se reposer.

Henri Ledru descendit avec une rapidité qui eût fait honneur à un singe ; quand il fut arrivé à terre, il arracha, avec de légers

coups de marteau frappés à droite et à gauche, le premier échelon de l'escalier improvisé.

— Lancez-moi le bout de la corde, dit-il à son compagnon.

Celui-ci obéit et le montagnard, s'appuyant de ses pieds contre
la falaise, ne tarda pas à grimper et à atteindre le second crochet.
Un tour de corde fait autour de sa cuisse lui permit alors de
faire, à l'aide de son marteau, ce qu'il avait fait pour le premier
échelon. Il arriva ainsi près de M. Rousset, rapportant dans son
bissac tous les crochets qui leur avaient permis de monter jusque-là. Une série d'opérations de même nature les amena en
moins d'une heure sur une sorte de corniche large d'un mètre à
peine, le long de laquelle ils purent s'avancer sans trop de difficultés nouvelles.

Quelques centaines de pas ainsi faits les conduisirent vers une
large fissure dont les parois s'élevant en pente douce devaient
leur permettre d'atteindre assez aisément le sommet de la montagne. Grâce à l'énergie, au courage et à la persévérance de ces
deux hommes, ils avaient surmonté un obstacle que nul autre
n'aurait jamais songé à vaincre.

Quand ils arrivèrent sur un vaste plateau couvert de neige
durcie, où la bise glaciale soufflait, ils étaient couverts de sueur.
Ledru avisa une dépression de terrain étroite et profonde ; il
saisit le bras de son compagnon.

— Allons d'abord nous reposer et nous mettre à l'abri du vent
froid qui nous saisirait, dit-il.

Et tous deux s'assirent sur une couverture que le robuste chasseur avait apportée roulée et attachée sur son épaule.

A peine étaient-ils installés dans ce trou, où ils disparaissaient
tout entiers, que Ledru saisit son fusil et fit signe de la main à
son compagnon de rester immobile Un animal formait au loin
une tache noire sur la blancheur de la neige. La distance qui le
séparait des voyageurs était si grande qu'il eût été difficile d'indiquer de quelle espèce il était ; ses mouvements seuls, composés
de petits sauts à droite et à gauche, leur étaient une preuve qu'ils
avaient affaire à un être animé. Ledru épaula son fusil.

— Mais c'est hors de portée, dit le naturaliste.

— Qui sait ? répondit en souriant le chasseur.

Le coup partit et l'on vit la masse noire rouler sur la nappe blanche du sol.

Ledru s'élança de sa cachette et revint bientôt, apportant un superbe renard argenté dont la fourrure était semée au milieu de poils noirs luisants et touffus, de poils isolés blancs comme des fils d'argent.

— Voilà, dit joyeusement le naturaliste, le premier échantillon précieux qui ornera nos collections. Il n'y a qu'un obstacle, c'est que cet animal est relativement lourd et que nous sommes déjà très chargés. Il te faudra, mon cher Henri, laisser ici ta couverture, attacher l'animal par les pattes et le suspendre sur ton dos.

— Pourquoi cela? dit en souriant le chasseur ; j'espère bien que nous trouverons pour nous en retourner une voie plus commode que celle qui nous a amenés jusqu'ici. Quand on est sur les hauteurs, la vue s'étend au loin et il est plus aisé de s'orienter que lorsqu'il s'agit de faire une ascension. Je crois néanmoins qu'avant de penser au retour nous ferions bien de manger un morceau, car pour mon compte, je suis mort de faim.

— Tu en parles bien à ton aise, dit M. Rousset. Pour manger, il faudrait avoir des vivres ; nous pourrions à tout prendre écorcher notre renard et le faire cuire ; mais pour cela il serait nécessaire d'avoir du feu, et comment en pourrait-on faire sur ces glaces où l'on ne trouverait pas un seul brin d'herbe?

— Qu'à cela ne tienne, dit Ledru. J'ai l'habitude de me prémunir et, comme on dit, de ne pas m'embarquer sans biscuits.

Il tira de son inépuisable sacoche une petite boîte en fer-blanc soigneusement soudée et assez semblable à celles dans lesquelles on conserve en France les légumes. C'était une boîte contenant du *pemmican*. Le chasseur à l'aide de son couteau eut bien vite fait sauter le couvercle de la boîte et les deux explorateurs purent enfin satisfaire leur faim, sinon leur gourmandise, en mangeant de ce mélange de viande hachée et de graisse, ressource précieuse des chasseurs canadiens qui en sont les inventeurs. Une gorgée de rhum, bue à même une gourde que le naturaliste portait pendue à sa ceinture, acheva de rendre la vigueur aux deux hardis coureurs de glace, qui purent bientôt reprendre le cours

de leur exploration. Quand ils atteignirent du côté de l'est le
bord du vaste plateau sur lequel ils étaient arrivés à si grand'-
peine, ils aperçurent la mer se déroulant à leurs yeux à perte
de vue. Au loin, à l'horizon, flottaient, comme des voiles blanches,
d'autres icebergs entraînés par les courants et poussés par le
vent. Entre eux et ces glaces flottantes, le *Pôle-Nord* tirait des
bordées à une distance si rapprochée que peut-être ils auraient
pu lui signaler leur présence en tirant en l'air un coup de feu. Ils
se gardèrent d'en rien faire, dans la crainte d'inquiéter sur leur
sort leurs amis restés à bord.

M. Jules Rousset, qui examinait les lieux avec non moins d'attention que son compagnon de route, lui fit remarquer que de ce
côté de l'iceberg sur lequel ils se trouvaient, s'étendait au bas de
la montagne une vaste plaine de glace avançant à plus de 500
mètres dans la mer et qui se dirigeait dans la direction du sud
aussi loin que leurs yeux pouvaient regarder.

Ledru signala aussi à son compagnon que de ce côté les immenses blocs glacés qu'ils avaient escaladés, loin de se terminer
brusquement et de former des falaises à pic, descendaient du côté
de la mer en suivant des pentes peu accentuées, abruptes il est
vrai, mais non inaccessibles pour des gens habitués comme eux à
marcher dans les glaciers.

— Je crois, dit-il, que nous ferons bien de descendre ici et de
suivre la plaine qui s'étend jusque dans la mer ; nous réussirons
peut-être ainsi à rejoindre nos amis qui ont pris la route du sud.
Si quelque obstacle imprévu venait à surgir, nous en serions
quittes pour refaire une ascension moins difficile que la première
et pour reprendre à la descente la route aérienne qui nous a servi
à monter.

M. Rousset approuva d'autant plus volontiers ce plan de campagne qu'il espérait rencontrer en route quelque phoque ou quelque autre animal polaire qui, grâce à l'adresse du chasseur, deviendrait certainement leur proie et enrichirait les collections de
l'expédition.

La descente, bien que moins difficile que ne l'avait été l'ascension, ne se fit pas sans quelque péril. Au moment où ils s'y
attendaient le moins, les explorateurs rencontraient des obsta-

cles qu'ils n'avaient pas prévus, blocs de glace inabordables et qu'il fallait contourner ou foudrières remplies d'une neige qui cédait sous leurs pas et menaçait de les engloutir. Enfin, après d'immenses fatigues, ils arrivèrent à la plaine unie sur laquelle, grâce à leurs patins, ils purent s'avancer rapidement.

Nulle trace de vie sur leur passage ; on n'entendait que le sifflement de la bise se brisant contre les arêtes vives des hauts sommets ou des aiguilles glacées. Au loin, du côté de la mer, le mugissement des flots qui montaient à l'assaut de l'iceberg comme s'ils avaient pris à tâche de l'escalader ou de le briser.

La première partie de ce voyage n'offrait d'ailleurs aux deux explorateurs aucune peine ni aucun obstacle sérieux à vaincre. Tout à coup ils furent arrêtés et durent de nouveau se consulter sur ce qu'il leur restait à faire. Devant eux, sur une étendue de plus de 100 mètres de large, la glace était interrompue. La mer, se précipitant avec fracas dans cette sorte de détroit, entrait en bouillonnant sous les flancs creusés de l'iceberg et pénétrait profondément dans la montagne où elle faisait entendre ses sourds mugissements.

Il fallut revenir sur ses pas et tenter de nouveau l'ascension par une voie difficile, quoique moins inabordable que celle qu'ils avaient déjà suivie. Quand ils furent arrivés sur le plateau supérieur, ils continuèrent leur route dans la même direction qu'ils avaient déjà prise. Comme ils côtoyaient la rive occidentale de ce plateau, ils n'eurent pas de peine à revoir le point où les glaces placées plus bas et rejoignant la mer recommençaient à s'étendre. Tant et de si pénibles efforts les avaient accablés de fatigue. M. Jules Rousset, dans son for intérieur, commençait même à s'avouer vaincu et se demandait s'il ne serait pas sage de chercher quelque lieu abrité où tous deux, enveloppés dans la couverture, pourraient s'endormir et puiser quelque repos dans le sommeil, quand tout à coup, au détour d'un énorme bloc de glace en forme de dé à jouer, qu'ils n'avaient pu franchir et qu'ils avaient dû contourner, les deux voyageurs se trouvèrent en présence d'une sorte de vallée large et dont les flancs, s'inclinant doucement, leur offraient pour regagner les bords de la mer un passage facile et sans danger.

Ils venaient à peine de s'engager dans cette déclivité des glaces que Ledru montra au naturaliste une masse de points noirs qui formaient comme des taches sur la surface blanche de la vallée. Cette fois il n'y avait pas à s'y méprendre, c'étaient bien là les phoques désirés. Tous les instincts de chasseur des deux hommes se réveillèrent. Haletants, retenant leur souffle, étouffant le plus possible le bruit de leurs pas, ils s'approchaient des animaux inoffensifs, qui d'ailleurs avaient l'air de ne se préoccuper en aucune façon de ces ennemis qu'ils voyaient peut-être pour la première fois. Leur indifférence et leur mépris du danger semblaient si grands que les deux chasseurs arrivèrent à dix pas d'eux sans parvenir à leur faire quitter leur pose indolente. Couchées sur la neige, les pauvres bêtes regardaient venir leurs ennemis de cet œil doux et étonné qui caractérise leur espèce. Ledru, qui avait épaulé son fusil, n'eut point le courage de lâcher la détente.

— Ce serait un assassinat ! murmura-t-il entre ses dents.

Aux yeux stupéfaits de son compagnon, il s'élança en avant, arriva au milieu des animaux qui songèrent seulement alors à fuir, se jeta sur l'un d'eux, saisit entre ses mains son corps huileux et le rapporta triomphalement au naturaliste.

— Ma foi ! dit Rousset, tu as aussi bien fait de ne pas le tuer ; c'eût été un meurtre inutile, car en vérité cet animal ne pèse pas moins d'une vingtaine de kilogrammes et il nous serait matériellement impossible de l'emporter.

— Moi, je tiens à ma chasse, dit Ledru. Si vous voulez m'en croire, vous dépouillerez sans plus tarder ce renard dont la chair puante ne saurait être d'aucune utilité. Quant à mon phoque, je l'envelopperai dans notre couverture et je l'emporterai vivant à bord du *Pôle-Nord*, où il ne sera pas le moins glorieux trophée de notre excursion.

M. Rousset voulut faire quelques objections, car il craignait pour son compagnon ce surcroît de fatigue, mais il dut céder devant l'entêtement du chasseur. Grâce à l'aide que lui donna Ledru, il eut bien vite achevé la besogne de préparateur devenue obligatoire. La peau du renard noir fut déposée dans la couverture à côté du phoque vivant, qu'un pareil voisinage dut profondément étonner. Les quatre coins solidement liés enlevèrent au

captif toute chance d'évasion. Le robuste chasseur attacha le tout
sur son dos et sa marche n'en fut pas un instant ralentie.

Ils arrivèrent de nouveau sur la plaine glacée qui s'étendait jusqu'à la mer et ils continuèrent leur route vers le sud sans plus
rencontrer désormais de nouveaux obstacles. Une crainte cependant les préoccupait vivement ; parviendraient-ils par ce chemin
à retrouver leurs compagnons, et dans le cas contraire, comment
arriveraient-ils à rejoindre le canot qui les avait amenés ?

Ledru, s'apercevant que son compagnon de route ralentissait
sa marche et était arrivé au bout de ses forces, lui dit :

— Asseyez-vous un instant ; ce coin est propice à une halte.
Pendant que vous vous reposerez et que vous garderez ici nos
bagages qui pourraient me gêner, je vais franchir cette pente. Du
haut de ce sommet qui est derrière nous, je verrai comment il
faut nous orienter et nous saurons si nous devons continuer
notre route dans le même sens.

Il déposa sa couverture, sa gibecière et, n'emportant que son
fusil, il s'élança à l'assaut des blocs de glace sur les sommets
desquels il voulait parvenir. Jules Rousset, assis au bas de ces
escarpements, le voyait tantôt paraître et tantôt disparaître.
Mais comme si le chasseur eût eu des ailes, à chacune de ces ap-
paritions il était parvenu sur un pic plus élevé.

C'est qu'en effet, pour cet intrépide montagnard, cette périlleuse ascension n'était qu'un jeu. Quand il arriva au terme de
sa course, il jeta tout autour de lui un regard investigateur. Tout
à coup il poussa un cri: un spectacle terrible s'offrait à sa vue.

CHAPITRE VIII

UN HOMME ET UN OURS BLANC.

A 100 mètres environ au-dessous du point où s'était arrêté le chasseur s'étendait la plaine et au delà la vaste mer. La ligne qui séparait la glace des flots était si lointaine qu'à peine on pouvait l'apercevoir. Tout au loin, au dernier plan que l'œil pouvait distinguer, Ledru vit quelques points noirs rapprochés les uns des autres et qui semblaient remuer : c'était la seconde partie de l'expédition. La pente qui le séparait de la plaine était douce et unie comme une glace ; au bas de cette pente et lui tournant le dos, il aperçut un homme qu'il ne reconnut pas d'abord et qui entraînait attaché par une corde un ourson blanc d'une taille de 1 m. 50 environ.

Tout à coup la mère ourse apparut, sortant de derrière un pic glacé qui se dressait solitaire au bas de la pente. Avant que Ledru ait eu le temps d'épauler son fusil, la bête, furieuse de se voir enlever son petit, avait pris un élan terrible. En deux bonds elle arriva près du ravisseur qui n'eut que le temps de se retourner et de lâcher sa proie. Le fusil que l'homme attaqué tenait à la main tomba à terre et le laissa absolument désarmé.

L'animal furieux, dressé sur ses pattes de derrière et dominant de toute sa hauteur son ennemi, laissa retomber sur lui sa griffe puissante et le jeta sur le sol.

C'est en cet instant qu'Henri Ledru poussa un cri d'angoisse, car dans l'homme il venait de reconnaître Alexis Polowskine auquel il devait la vie. Il tenta de mettre en joue le terrible animal ; mais celui-ci tenait si près dans son étreinte formidable le jeune Russe que, quelque adresse que possédât le chasseur, il eût été imprudent de lâcher la détente de son arme.

Henri Ledru sentait de plus qu'un tremblement invincible s'était emparé de tout son être; il n'osa point faire feu, mais il s'élança sur la pente qui le séparait des combattants et, moitié

Le cœur de l'ourse était traversé de part en part.

courant, moitié glissant sur le sol glacé, il se trouva en quelques instants sur le lieu de la lutte.

Le féroce animal avait plus de 2 mètres de hauteur. Ledru vit Alexis se débattre et faire des efforts désespérés pour échapper à sa formidable étreinte. L'intervention de l'arme à feu était de plus en plus impossible; le chasseur la jeta à ses pieds, tira de sa poche son couteau de montagnard, l'ouvrit, et se jetant sur le groupe des combattants, le plongea jusqu'au manche au défaut de l'épaule gauche de la bête furieuse.

Celle-ci poussa un rugissement terrible, lâcha sa proie et se retourna formidable devant le nouvel ennemi qui venait si audacieusement de l'attaquer.

Alexis Polowskine resta inanimé sur le sol.

Le chasseur fit un bond de trois pas en arrière ; l'ourse, étendant ses bras puissants, s'élança contre lui et laissa retomber sur ses épaules ses longues griffes aiguës. Si quelqu'un eût été témoin de cette lutte gigantesque, il eût pu voir alors le bras nerveux de l'intrépide chasseur retomber lourdement contre la poitrine de son ennemi. Malgré la formidable étreinte qui l'étouffait, malgré les griffes acérées qui pénétraient dans ses épaules et donnaient passage à de longs sillons de sang, le bras du chasseur, toujours armé de son terrible couteau, se releva et se plongea de nouveau dans la poitrine de la bête féroce. Cette fois le coup d'œil exercé de Ledru et son admirable sang-froid lui avaient permis de choisir la place où il devait frapper. Le cœur de l'ourse avait été traversé de part en part ; ses bras s'ouvrirent et elle tomba lourdement sur la neige piétinée. Le chasseur victorieux la vit faire un effort suprême pour se relever et, après ce dernier tressaillement, prendre l'immobilité de la mort. Ledru tout sanglant se précipita vers le corps inanimé d'Alexis. Il se demandait si le secours qu'il avait apporté à son malheureux camarade n'avait pas été trop tardif et s'il ne lui restait plus qu'à transporter un cadavre auprès des autres membres de l'exploration.

Il saisit la main du jeune Russe et sentit un tressaillement. Alexis ouvrit les yeux, sa bouche s'entr'ouvrit et Ledru l'entendit murmurer d'une voix si faible qu'à peine il put la percevoir, le mot : Merci !

Le chasseur ramassa son fusil et celui de son compagnon blessé, passa sur son épaule les bretelles de ces armes restées inutiles et, prenant dans ses bras le corps d'Alexis, s'avança à grands pas du côté où il savait qu'il trouverait ses autres compagnons que rien n'avait pu prévenir du drame qui venait de s'accomplir.

A peine avait-il fait quelques pas que, sans doute ranimé par le froid, ou peut-être par l'intensité des douleurs que lui faisait souffrir une plaie béante à l'épaule, Alexis souleva sa tête et dit:

— Au nom de Dieu, cher Ledru, arrêtons-nous ici.

— Pourquoi ne pas rejoindre nos compagnons ? répondit le chasseur en déposant sur la neige durcie son précieux fardeau. Je n'ai sur moi aucun cordial ni aucun moyen de panser votre blessure.

Alexis faisait des efforts pour parler, mais les mots expiraient sur ses lèvres. Le sang qui continuait à couler à flots de sa plaie à l'épaule et qui, sous l'impression du froid, formait sur son vêtement velu de larges caillots noirâtres, menaçait d'épuiser entièrement le malheureux blessé. Ledru prit son mouchoir de poche et, en formant un tampon, il l'appuya fortement sur la blessure.

— Cherchez dans ma valise, put enfin bégayer le jeune Russe.

Ledru, ouvrant un petit sac de cuir que le blessé portait suspendu par une courroie passée sur son épaule droite, vit qu'il contenait plusieurs flacons et des bandes de toile roulée, semblables à celles dont on se sert dans les hôpitaux pour panser les blessés. Il y prit aussi une paire de ciseaux, tailla non sans peine dans le vêtement rigide d'Alexis une place carrée qui mettait à nu les profondes déchirures faites à l'épaule de son compagnon, et se mit à panser cette affreuse blessure.

Etait-ce l'émotion que lui causait la vue du sang? Toujours est-il qu'une pâleur subite envahit son visage.

Il mit tant de soin, tant de délicatesse, dans cette œuvre pieuse, que personne n'aurait reconnu là le rude chasseur et le grossier montagnard. Après avoir arrosé un linge d'une liqueur rougeâtre que lui avait montré du doigt son compagnon, il l'appliqua sur la plaie saignante, puis déroulant une des bandes de linge, avec toute l'habileté d'un chirurgien consommé, il en fit une solide ligature. Alexis, soulagé sans doute, reprit tout à fait ses sens et put se mettre sur son séant.

Il vit alors que le chasseur était blessé aussi et qu'il avait généreusement oublié ses propres souffrances pour venir à son aide.

— Cher ami, dit-il d'une voix grave mais pleine de mélodie, approchez-vous, que je vous rende à mon tour tous les bons offices que vous m'avez donnés.

Ledru sourit, défit la tunique de peau qui l'enveloppait, retira la manche de sa chemise, et le jeune Russe vit, non sans effroi, quatre trous profonds creusés dans les chairs et dont le sang s'échappait en rubans vermeils.

Voyant son compagnon paralysé par l'émotion, le chasseur se hâta de dire :

— Cela n'est rien, ami ; j'en ai vu bien d'autres.

Alexis, dont les forces revenaient à vue d'œil, pansa la blessure de son sauveur. Ils restèrent ainsi plus d'une demi-heure immobiles ; quelques gouttes d'un cordial puissant, renfermé dans l'un des flacons de la petite valise du jeune Russe, achevèrent de leur rendre à tous deux les forces et l'énergie.

— C'est égal, dit Alexis, je regrette d'avoir abandonné ma capture.

— Qu'à cela ne tienne, répondit le chasseur qui avait retourné la tête ; pour peu que cela vous plaise, nous ne nous en irons pas sans l'emmener avec nous.

Et il montra du doigt, derrière eux, à quelques centaines de mètres, sur le point même du combat, l'ourson accroupi auprès du cadavre de sa mère.

— Retournons sur nos pas et allons nous en emparer, dit Alexis se dressant sur ses jambes.

Toute l'énergie, toute la force semblaient être revenues aux deux intrépides chasseurs. Le drame terrible dont ils avaient été les acteurs, les dangers auxquels ils venaient d'échapper grâce au courage et au sang-froid de Ledru, semblaient oubliés. A voir leur marche assurée, nul n'aurait pu croire que ces deux hommes étaient grièvement blessés et venaient d'échapper à une mort presque certaine.

Ils s'approchèrent du théâtre du combat. Le jeune ourson, qui portait encore à son cou la courroie de peau de phoque avec laquelle Alexis l'avait attaché, n'essaya même pas de fuir. La vue de sa mère morte et étendue sur le sol glacé paraissait absorber toute son attention. Quand Ledru eut saisi l'attache et voulut

l'obliger à quitter ce cadavre, il ne put y réussir seul, tant le
pauvre animal faisait d'efforts pour ne pas s'éloigner de ce corps
inanimé. La force réunie des deux chasseurs parvint enfin à détacher l'ourson de sa mère. Lorsqu'ils l'eurent entraîné à quelques pas de distance, il cessa d'opposer aucune résistance et les
suivit paisiblement.

— Qu'avez-vous fait de M. Rousset? demanda Alexis.

— C'est justement la pensée qui me préoccupe. Les événements
qui viennent de s'accomplir et le terrible danger que vous avez
couru me l'avaient fait oublier complètement. Je l'ai laissé assis
et très fatigué de l'autre côté de ces amoncellements de glace.

— Pauvre généreux garçon! dit le jeune Russe d'une voix
émue, en tendant la main au chasseur; dans votre sublime élan
pour accourir à mon secours, vous avez tout oublié, le soin de
votre sécurité personnelle, votre vie elle-même et votre meilleur
ami. Sans doute aucun danger ne le menace et vous êtes trop
fatigué pour tenter d'aller à sa rencontre. Nos amis, quand nous
les aurons rejoints, seront informés du lieu où il est resté et iront
à sa recherche, si lui-même, s'impatientant de ne pas vous voir
revenir, ne s'est pas décidé à prendre le chemin que vous aviez
suivi et à venir de notre côté.

— Vous avez raison, monsieur Alexis, dit le chasseur; il nous
faudra marcher sur cette glace glissante encore pendant plus d'une
heure avant que nous ayons retrouvé nos compagnons. Or, d'ici
là, les forces peuvent vous manquer; le sang que vous avez perdu
vous a fort affaibli; malgré votre courage et votre énergie, votre
marche alourdie m'indique que vous souffrez et, placé entre deux
amitiés également vives, je m'attache à l'ami qui a le plus pressant besoin de mon appui.

— Que vous êtes bon ! dit le jeune Russe avec un cordial
abandon. Sans cesse vous pensez aux autres et vous semblez
avoir oublié que vous-même vous êtes grièvement blessé. Mais
soyez bien sûr, cher ami, que je n'oublierai jamais que deux fois
vous avez généreusement sacrifié votre vie pour venir à mon
aide. L'existence que j'ai conservée, je vous la dois tout entière,
et je vous serai éternellement reconnaissant du service que vous
m'avez rendu.

— Parlons-en ! dit Ledru d'un ton contrarié. Beau mérite pour un chasseur de s'être mesuré corps à corps contre un ours imbécile qui n'a pour se défendre que la force bestiale ! Vous, monsieur Alexis, vous m'avez sauvé d'un bien autre péril. Qu'est-ce, en effet, qu'une bête idiote comparée à l'immensité de la mer en furie ? J'ai eu la chance d'arriver à temps pour vous arracher des griffes de cette ourse en colère ; mais libre à. vous de nous croire quittes ! Pour moi, je sais ce que je vous dois encore.

— Hé bien ! reprit vivement Alexis, ne comptons plus l'un avec l'autre et faites-moi l'honneur, une seconde fois, de m'accepter comme un ami sincère et dévoué

— Oui, Monsieur, vous pouvez compter sur moi jusqu'à mon dernier soupir ; quant à vous, vous êtes un trop grand seigneur pour que j'ose me flatter de pouvoir jamais vous compter parmi mes amis, dans le sens que je donne à ce mot.

— Vilain incrédule ! dit Alexis en souriant. Hé bien ! vous verrez et vous jugerez comment je sais aimer ceux qui le méritent.

A peine achevait-il ces mots qu'une voix connue frappa leurs oreilles. C'était sir William Seedling qui, s'inquiétant de l'absence prolongée du jeune Russe, venait au-devant de lui.

— Peste ! quelle aubaine ! dit-il d'abord d'un ton de bonne humeur en voyant l'ourson captif qui suivait les deux chasseurs.

Puis il remarqua, outre l'extrême pâleur d'Alexis, les bandes de linge blanc qui se nouaient au-dessous de son bras et venaient s'enrouler autour du cou.

— Ciel ! vous êtes blessé ? s'écria-t-il.

— Ce ne sera rien, dit le jeune homme ; mais vous arrivez on ne peut plus à propos. Mon ami Ledru et moi, n'en pouvons plus ; aidez-nous donc et portez nos armes qui commencent à nous paraître pesantes.

L'Anglais ne se fit pas répéter l'invitation : il plaça sur son épaule les deux fusils des chasseurs et les pria l'un et l'autre de s'appuyer sur lui.

Henri Ledru, qui se sentait encore vigoureux, refusa ; mais Alexis, qui était arrivé aux extrêmes limites de l'épuisement, accepta avec reconnaissance.

Ils rejoignirent bientôt le reste de l'expédition, qui se trouva ainsi au complet, moins le naturaliste français, dont on demanda anxieusement des nouvelles.

Quand Ledru eut raconté les péripéties de l'excursion qu'ils venaient de faire ensemble, et qu'il eut montré le point des montagnes de glace où il avait laissé son compatriote et ami, M. Seedling et le matelot Smitt se mirent en route pour aller à sa rencontre.

Ils n'avaient pas fait un quart d'heure de chemin qu'ils entendirent sa voix bien connue qui leur criait de loin :

— Bonjour, amis ! Si c'est moi que vous cherchez, me voici !

Le naturaliste avait vu, du point où il s'était arrêté pour se reposer, son ami Ledru, debout sur la crête de la glace qui couronnait la montagne, épauler à deux reprises son fusil, puis s'élancer en avant sans que l'arme eût fait feu. Il avait compris, bien qu'il n'eût pu entendre le cri de désespoir poussé par le chasseur, que quelque chose d'extraordinaire devait se passer sur l'autre versant de la montagne.

Après avoir chargé sur ses épaules la sacoche de Ledru et le phoque prisonnier, il se leva et il gravit clopin-clopant les pentes abruptes que son robuste compagnon avait si rapidement escaladées. Quand il fut arrivé au sommet et qu'il eut jeté les yeux sur la plaine blanche qui s'étendait au pied de la pente douce qui lui restait à descendre, il ne vit plus rien que le cadavre de l'ours blanc étendu sur le sol neigeux.

— Oh ! oh ! se dit-il, voilà mon montagnard qui a fait des siennes.

Il s'approcha du lieu de la lutte et dans la neige piétinée, il aperçut les traces de deux pas bien différents. Par terre, il vit, à divers endroits, des taches sanglantes, et quand, s'approchant du cadavre de l'animal, il chercha le point où la balle du chasseur l'avait frappé, il vit que deux blessures s'ouvraient, béantes, sur la poitrine du fauve et il put constater qu'elles avaient dû être faites soit avec un poignard, soit avec un couteau.

— Diable ! diable ! s'écria-t-il, que s'est-il passé ici ?

Il examina la double trace de pas qui allait s'éloignant à travers

la plaine ; il vit les empreintes de pieds plats et armés de griffes.
Il comprit une partie du drame qui venait de s'accomplir.

— Je trouverai, dit-il, en arrivant un animal prisonnier ; sans
doute le fils de cette énorme bête que nous viendrons chercher
avant notre retour au *Pôle-Nord*, tant pour ne pas perdre cette
magnifique fourrure que pour régaler nos compagnons de viande
fraîche.

Il continua sa route, suivant la trace des chasseurs blessés,
mais sans conserver une grande inquiétude sur leur sort, car la
marque de leurs pas sur la neige était assez régulière et rien ne
lui faisait supposer que l'un ou l'autre fût blessé. Il attribua à
l'animal mort les traces de sang qu'il avait constatées sur différents points du sol.

Quand William Seedling lui eut raconté en quelques mots le
terrible drame qui s'était accompli et qu'il connut l'horrible
danger qu'avaient couru ses deux amis, il devint pâle et trem-
blant. Ce ne fut qu'à grand'peine que le naturaliste anglais
parvint à le rassurer. Grâce à l'appui de M. Seedling et du
matelot Smitt, il ne tarda pas à rejoindre les membres de l'expédition.

On délibéra quelques instants sur la conduite qu'il y avait à
suivre, et on décida que tous reprendraient sans plus tarder le
chemin de l'embarcation, afin d'aller s'y restaurer et y puiser de
nouvelles forces.

Quand tout le monde fut arrivé à bord, un joyeux repas vint
rendre le courage à tous ces intrépides explorateurs. Alexis
Polowskine et Henri Ledru se couchèrent, chacun dans une
cabine, et reçurent les soins empressés de tous les savants membres de l'expédition.

Un traîneau fut débarqué. Les deux matelots et le lieutenant
Mac-Lead partirent de nouveau sur la plaine glacée ; deux heures
plus tard on les vit revenir ramenant avec eux, sur leur char improvisé, le cadavre gigantesque de l'ourse tombée sous les coups
du vaillant chasseur.

Un nouveau conseil eut lieu. Chacun pensa que le but de l'expédition était suffisamment atteint et que le plus sage serait de
rejoindre le navire le plus tôt qu'il serait possible. L'embarcation

prit donc le large et louvoya pendant quinze ou vingt heures, faisant tout le tour de l'iceberg avant d'apercevoir le *Pôle-Nord*. Enfin le matelot Smitt fut le premier qui signala la présence d'une voile à l'horizon. Un coup de canon tiré au moyen d'une petite pièce placée à cet effet à l'arrière du canot reçut pour réponse, quelques instants après, le bruit d'un second coup de canon venant du navire.

On aborda enfin le *Pôle-Nord* et les amis restés à bord du bâtiment purent embrasser ceux qui venaient de courir tant et de si glorieux dangers.

Alexis et Ledru eurent les honneurs d'un véritable triomphe.

Le savant docteur Paul Bernard examina les blessures de Ledru, et, après les avoir pansées avec soin, déclara qu'il en serait quitte pour quelques jours de repos. Quant à Alexis, il refusa obstinément de recevoir d'autres soins que ceux de son oncle, M. de Kolikof, dont l'expérience devait, assurait-il, le remettre promptement sur pied.

Le capitaine Torell et M. d'Harvillers complimentèrent les deux chasseurs de leur courage et de leur admirable sang-froid.

CHAPITRE IX

UN SECRET.

Tout avait repris son aspect accoutumé à bord du *Pôle-Nord*.
Bien qu'étant resté jusque-là en vue des *icebergs*, le navire avait
continué sa route. D'une part le vent qui s'était mis à souffler de
l'est, d'une autre part cette loi mystérieuse qui entraîne les glaces
du côté du couchant, l'avaient obligé à marcher directement vers
l'ouest. Sa course avait été rapide. Quand le capitaine Torell fit
les observations nécessaires pour se rendre un compte exact du
point de l'Océan où il se trouvait, il put voir qu'il avait atteint
le 73° de latitude nord par environ 10° à l'ouest du méridien de
Paris. L'île de Jean-Mayen qu'on désirait atteindre était donc
directement au sud et séparée du navire par 3° seulement : on
mit le cap dans cette direction.

Bientôt l'état des deux blessés était devenu des plus satisfai-
sants. Alexis et Henri Ledru avaient repris le cours de leurs visi-
tes quotidiennes chez Jules Rousset et William Seedling. Les deux
animaux capturés devenaient chaque jour plus familiers ; les matelots avaient dressé sur le pont, à l'arrière du navire, une sorte
de petite cabane dans laquelle le phoque prisonnier semblait se
résigner aisément à sa captivité, grâce à l'abondance de poisson
que les marins pêchaient à son intention. Quant au jeune ourson
qui n'avait point, comme le phoque, l'inconvénient de répandre
une odeur nauséabonde, les deux naturalistes l'avaient installé
dans leur laboratoire. Les premiers jours, son caractère, resté
encore un peu sauvage, les avait obligés à le tenir attaché ; mais
bientôt, grâce aux bons traitements dont il était constamment
l'objet, il s'était familiarisé avec ses nouveaux maîtres et se

montrait à leur égard docile et caressant comme un chien.

Le temps s'écoulait donc assez rapidement pour les savants passagers, qui partageaient leurs loisirs entre l'étude anatomique des poissons recueillis dans ces mers peu fréquentées et d'amicales conversations. Le cabinet d'histoire naturelle s'enrichissait tous les jours d'objets précieux pour la science. C'étaient, en dehors des poissons dont plusieurs espèces étaient encore inconnues, une foule de méduses, de madrépores et de coquillages ramenés par la sonde ; c'étaient parfois des végétations marines aussi diverses que singulières, puis de temps en temps des troncs d'arbres ou des morceaux de bois provenant de végétations lointaines et amenés là soit par les courants sous-marins, soit par telles autres causes qui faisaient l'objet de longues discussions, chaque fois que les savants membres de l'expédition se réunissaient en conseil.

Au milieu de cette vie studieuse et paisible, une inquiétude poursuivait M. Jules Rousset. Depuis les aventures qui lui étaient survenues pendant l'expédition sur la montagne de glace, il avait remarqué chez son camarade Ledru un changement qui lui paraissait inexplicable. Plus le chasseur s'avançait vers une guérison complète, plus il semblait absorbé par une sorte de préoccupation secrète qui se traduisait par une tristesse constante, bien opposée au caractère qu'il avait montré jusque-là. Le jeune zoologiste voulut en avoir le cœur net, et un matin, pendant que tout le monde dormait encore dans les cabines, il fit mander chez lui son camarade.

— Henri, lui dit-il, peut-être la question que je vais t'adresser te semblera-t-elle indiscrète ; mais, si tu tiens compte de notre vieille amitié, tu comprendras les inquiétudes que je me crois obligé de te manifester. Depuis que nous sommes revenus de notre dernière expédition, j'ai remarqué en toi une préoccupation qui va toujours croissant. J'attribuai d'abord ta tristesse aux souffrances que devaient te causer tes blessures, et cependant je connaissais ton courage et le peu de cas que tu fais de la douleur physique. Depuis que ta guérison est presque complète, ta mélancolie va sans cesse augmentant. Tu as un secret, Henri, fais-le-moi connaître.

— Quel secret puis-je avoir que je ne vous aie dit ? répondit le chasseur.

— Dis tout ce que tu voudras, reprit Jules Rousset, je suis certain que tu me caches quelque chose. Si tu ne me crois point assez ton ami pour te confier à moi, pardonne-moi de t'avoir interrogé et n'en parlons plus.

Le chasseur se recueillit un instant.

— Je ne veux point, dit-il, que vous puissiez douter de mon amitié. Oui, le hasard et les circonstances m'ont fait le dépositaire d'un grand secret. Dieu m'est témoin que je serais mille fois heureux de vous le faire connaître ; mais pardonnez-moi de garder le silence, car ce secret n'est pas à moi et je ne saurais en rien dire sans me déshonorer.

Jules Rousset tendit la main à son ami.

— S'il en est ainsi, garde le silence, dit-il ; mais au nom de Dieu, de quelque nature que puisse être le terrible mystère que tu n'oses me confier, je t'en conjure, ne reste point triste et préoccupé comme tu l'es de jour en jour davantage. Crains que si les yeux de l'amitié ont pu découvrir que tu cachais dans ton cœur quelque chose, les regards indiscrets des indifférents ne s'en aperçoivent, et, plus pénétrants que les miens, n'arrivent à découvrir ce que tu désires cacher.

— Merci, murmura Ledru ; je vous jure qu'à partir de ce jour je serai plus maître de moi ; et, me fallût-il devenir un homme dissimulé, je garderai au fond de mon cœur ce que personne au monde ne doit savoir.

Le chasseur, après avoir échangé avec le naturaliste une étroite poignée de main, s'éloignait, quand il se ravisa tout à coup.

— Le secret que j'enferme en mon sein, dit-il, n'est pas le seul motif de mes préoccupations. Depuis que M. Seedling, M. Alexis et vous avez bien voulu m'admettre dans une sorte d'intimité, je me suis aperçu avec terreur de l'ignorance profonde dans laquelle j'ai vécu jusqu'à ce jour. Les études auxquelles vous vous livrez me semblent pourtant pleines d'attraits et si je ne craignais d'abuser de votre bonté, je vous prierais de vouloir bien me donner les éléments de cette science de l'histoire naturelle que j'étudierais avec tant de bonheur.

— C'est là une heureuse pensée, fit le savant, et de ma vie je n'aurai enseigné avec un plus vif plaisir.

Il fut dès lors convenu que, chaque jour, une heure serait consacrée à l'éducation du chasseur. M. Rousset lui donna sur-le-

Il montrait une ardeur sans pareille pour l'étude.

champ un certain nombre de livres élémentaires qu'il l'engagea à étudier attentivement.

Quand M. Seedling et Alexis furent informés du désir de s'instruire qu'avait manifesté Henri Ledru, ils y applaudirent de tout leur cœur et s'offrirent tous les deux à venir en aide aux efforts de celui qu'il avait choisi comme professeur.

Dès les premiers jours, les progrès du montagnard furent sensibles ; à défaut de solide instruction première, il avait une vive intelligence et l'esprit d'une justesse remarquable. Pendant sa jeunesse, dans ses courses aventureuses sur les hautes cimes, il avait beaucoup vu et beaucoup observé. La faune et la flore des montagnes lui étaient familières et il ne lui manquait que cette science de la classification sans laquelle aucune suite ne peut être apportée dans l'étude. Sa mémoire était fidèle. Il connut bientôt les grandes lignes qui forment comme le canevas de l'histoire naturelle, et M. Seedling, le moins expansif des trois professeurs, ne tarda pas à le complimenter lui-même sur les rapides progrès accomplis.

Si les deux savants naturalistes parurent satisfaits du désir exprimé par Ledru, le jeune Russe s'en montra tout à fait heureux. Dans son zèle pédagogique, il semblait qu'il ne voulût plus quitter son élève. Tout lui paraissait motif à enseignement. Rompu lui-même à cette solide éducation pratique que les Allemands et les Russes savent donner à leurs enfants, il avait pu voir par expérience que l'enseignement parlé et accompagné de leçons pratiques est bien autrement fructueux que celui que l'on puise dans les meilleurs livres. Il ne se bornait pas d'ailleurs aux enseignements relatifs à l'histoire naturelle, mais il abordait avec enthousiasme toutes les branches de la science et de la littérature. Henri Ledru, docile avec ses deux autres professeurs, se montrait avec Alexis d'une ardeur sans pareille pour l'étude.

Cependant, le navire, bien qu'obligé par le vent, qui continuait à souffler de l'est, à ne s'avancer vers le sud qu'à force de vapeur et en faisant de longs détours, s'approchait du but. La durée des jours d'ailleurs commençait à diminuer et le froid devenait plus intense, bien qu'on s'avançât dans des latitudes plus méridionales.

On avait placé sur le mât de misaine, pour remplacer la cage incommode dans laquelle on a l'habitude de loger la vigie, une sorte de petite cabane bien capitonnée à l'intérieur de peaux d'ours et chauffée au moyen de tuyaux fortement enveloppés eux-mêmes et qui s'emplissaient de vapeur brûlante empruntée à la chaudière de la machine. Grâce à cette précaution, on avait droit d'espérer que la vigie, commodément placée, pourrait, sans risquer d'être gelée, remplir son office par les froids les plus extrêmes. Cependant jusqu'alors on n'avait pas eu besoin d'utiliser ce système de chauffage.

Un jour, un matelot placé en vigie signala la présence d'une terre lointaine. Tous les membres de l'expédition et tous les marins du navire se précipitèrent sur le pont ; mais, malgré les excellentes jumelles marines qu'on possédait, nul ne put, avant plusieurs heures, distinguer la terre signalée, qui apparut enfin comme un point blanc enchâssé dans le vert sombre de l'horizon. Le capitaine Torell, se frottant les mains, annonça à l'équipage que la terre en vue était l'île de Jean-Mayen.

— Combien nous faut-il encore de temps, demanda M. d'Harvillers, pour savoir s'il nous sera possible d'atterrir ?

— Oh ! oh ! dit joyeusement le capitaine, le soleil ne va pas tarder à se coucher et nous pourrons, en toute sécurité, continuer notre route pendant les seize heures de nuit que nous avons à traverser. Demain au grand jour, grâce à nos excellents téles-copes, il me sera possible, je l'espère, de vous renseigner d'une façon plus précise.

La perspective d'un débarquement prochain, après une tra-versée pénible de trois mois, pendant laquelle on n'avait pas aperçu la moindre terre, combla de joie non seulement les savants peu habitués à une si longue navigation, mais encore les matelots eux-mêmes que la durée du voyage commençait à fatiguer. Le temps était beau ; la nuit qui succéda au jour se montra tout illuminée d'étoiles, et le ciel était dégagé de toute espèce de nuages. La lune, éclairant de ses blancs reflets le som-met des vagues, prodiguait une lumière si intense qu'on aurait presque pu lire sur le pont.

M. d'Harvillers, qui n'ignorait pas quelle est l'importance, pendant les voyages de longue durée, qu'il y a à maintenir la bonne humeur parmi les passagers et parmi les matelots, se concerta avec le capitaine Torell pour qu'il y eût le soir même une grande fête à bord du *Pôle-Nord*. Comme on n'était pas encore arrivé à l'époque des grands froids où l'usage des liqueurs alcooliques peut devenir un danger pour la santé de l'équipage, une distribution généreuse fut faite à tous les matelots, qui purent ainsi fêter joyeusement leur patrie absente.

Un grand repas fut offert à l'état-major du navire, à tous les membres de l'expédition, sans oublier les préparateurs, les aides et les secrétaires des savants, qui, pour cette circonstance exceptionnelle, furent admis à la table commune. De nombreux toasts furent portés : au succès de l'expédition, aux nations diverses qui avaient bien voulu y prendre part, à M. d'Harvillers, son glorieux chef, et enfin aux héros de la dernière entreprise qui avaient failli y laisser leur vie. Les plus grands éloges furent donnés officiellement par M. d'Harvillers et par le commandant du bord au courage et au sang-froid qu'Henri Ledru avait su déployer en cette circonstance.

Un épisode comique vint égayer ces agapes fraternelles. M. Jules Rousset, qui s'était éloigné un instant, reparut au milieu des convives, ramenant avec lui par la main l'ourson qui s'avança d'un air grave et digne. Ce trophée vivant des chasseurs fut accueilli par des hourras unanimes ; on le combla de friandises, et l'enfant des régions polaires fut dans cette circonstance, la première fois sans doute, appelé à donner son appréciation sur le miel, dont se montrent si friands ses congénères des régions tempérées. Le brave animal accueillit toutes ces politesses avec autant de gravité que si elles lui eussent été dues. Quelqu'un des savants convives ayant proposé de lui donner un nom, M. William Seedling se leva :

— Je propose, dit-il, de l'appeler Robinson, en mémoire de l'immortel chef-d'œuvre de mon compatriote Daniel de Foë.

— C'est cela, dit gaiement M. d'Harvillers ; ce nom rappellera en outre l'île singulière sur laquelle il a été trouvé.

La motion de l'Anglais fut ainsi solennellement accueillie, et le baptême du jeune ours devint un fait accompli.

Une partie de la nuit se passa en gais propos ; quelques flacons du pétillant vin de France qui a pris naissance dans les caves de la Champagne, et qu'affectionnent tant tous les peuples du monde, furent vidés et ne contribuèrent pas peu à augmenter la gaieté générale.

Cette petite débauche eut pour effet de retenir le lendemain plus longtemps que d'habitude les membres de l'expédition dans leurs cabines. MM. Jules Rousset et William Seedling, réveillés par leurs jeunes amis, furent les premiers qui montèrent sur le pont et purent contempler le spectacle aussi merveilleux qu'inattendu qui se déroulait à l'horizon.

Au loin, au sud, la mer paraissait tout entière barrée par des entassements de glaces affectant les formes les plus bizarres et les plus inattendues. Ici, des pics pointus et semblables à des pains de sucre ; là des amoncellements de blocs carrés semblables à des dés qu'une troupe de géants auraient jetés au hasard ; plus loin des forêts d'aiguilles effilées déchirant le ciel de leurs lames verdâtres. En certains endroits, les glaces abruptes paraissaient de loin une forêt de pins couverts de givre ; ailleurs certains entassements rappelaient l'aspect des cathédrales gothiques toutes hérissées d'ornements.

Au milieu de cette barrière de glaces, mais à plusieurs lieues plus loin, on entrevoyait, se détachant en noir, une masse solitaire. Sur la pointe la plus rapprochée de cette île s'élevait un pic sombre d'où, grâce à sa lunette d'approche, M. Jules Rousset crut voir s'élever des flocons de fumée. C'était bien là l'île de Jean-Mayen que le grand voyageur Hudson découvrit en 1608 et à laquelle il avait donné le nom do Tuothos d'Hudson. Le nom de Jean-Mayen ne lui fut que plus tard et injustement donné par un capitaine hollandais qui la vit en 1611. Le pic élevé d'où le naturaliste français crut voir s'échapper de la fumée n'était autre que le volcan de Beerenberg.

— J'estime, dit M. Seedling, que la fumée que vous signalez, si elle existe réellement, doit avoir une autre cause qu'une éruption volcanique, car, s'il m'en souvient bien, plusieurs voyageurs ont affirmé que le Beerenberg est éteint depuis longtemps.

— Eh bien ! c'est ce qui vous trompe, dit, derrière les jeunes savants, le capitaine Torell survenu à l'improviste. J'avoue que pour mon propre compte, bien que j'aie débarqué plusieurs fois à Jean-Mayen, je n'ai pu personnellement m'assurer du fait ; mais mon oncle, le célèbre Otto Torell, a visité l'île et a pu se convaincre que le volcan n'est pas éteint, car il l'a vu en complète ignition.

— Je vous remercie, dit Jules Rousset, du précieux renseignement que vous voulez bien nous donner. Notre séjour dans l'île, si toutefois nous parvenons à y atterrir, nous permettra de nous assurer du fait ou plutôt de corroborer l'affirmation de votre oncle. Mais comment se fait-il qu'étant débarqué plusieurs fois à Jean-Mayen vous n'ayez jamais eu la curiosité d'aller visiter ce pic ?

— Il y a beaucoup à dire, répondit en souriant le capitaine, et vous parlez de ces faits comme quelqu'un peu habitué encore aux difficultés que présentent ces régions. Si l'île de Jean-Mayen est peu large, puisqu'en ce sens elle ne compte guère qu'une dizaine de milles, elle a 30 milles de long, et c'est à la pointe nord que se trouve le Beerenberg. Le pic lui-même, qui d'ici nous semble élevé de quelques mètres seulement, n'a pas moins de 6,870 pieds de haut. Si nous abordons dans l'île, vous n'avez qu'à étendre vos regards devant vous pour vous en assurer, cela ne pourra être ni par le nord ni par l'est, puisque vous voyez partout s'élever des amoncellements de glaces que toutes nos machines ne sauraient percer, quand nous mettrions dix ans à tenter l'aventure.

— Alors, reprit M. Rousset, vous n'êtes point sûr encore que nous puissions aborder cette côte pourtant si rapprochée de nous ?

— Je n'en suis pas sûr, mais je l'espère, dit le capitaine. Je suis monté moi-même au poste de la vigie et j'ai longuement observé les points extrêmes de l'horizon. Peut-être trouverons-nous vers le sud quelque canal qui nous permettra de franchir l'enceinte glacée qui semble défendre les abords de la terre ferme.

« Mais, jeune étourdi, reprit d'un ton bienveillant, après un instant de silence, le vieux loup de mer, vous n'avez pas attendu que je vous dise pourquoi je n'ai pas visité le volcan placé au nord de l'île ? C'est que jamais, dans mes nombreuses navigations, je n'ai pu aborder à ce point de la côte ; peut-être cela tient-il à ce que je n'y suis arrivé, comme aujourd'hui, qu'un peu tardivement. Toujours est-il qu'il faut avoir le courage et la persistance de savants venus tout exprès dans ce but, pour s'aventurer dans l'intérieur de l'île de Jean-Mayen. Si nous pouvons aborder, ainsi que je l'espère, vous aurez vous-mêmes l'occasion, messieurs, de

vérifier la nature de ce sol désolé et de voir combien il est difficile de faire quelques pas au milieu des amoncellements de
roches abruptes et de glaciers inabordables. »

Pendant que les deux naturalistes causaient ainsi amicalement
avec le capitaine Torell, les autres membres de l'expédition,
arrivés successivement, avaient formé autour du vieux marin une
masse compacte. Ils applaudirent à ses paroles et, pleins de
confiance en son expérience et en son habileté, ils attendirent
les événements.

Quand les manœuvres commandées par le capitaine eurent été
exécutées, le navire vira de bord et prit la direction de l'est.
Toutes les voiles furent carguées et l'on ne navigua plus qu'à
l'aide de l'hélice. Deux heures s'étaient à peine écoulées quand on
vit la barrière de glace qui s'édentait au sud disparaître tout à
coup. L'habile marin dirigea vers le sud son navire et, continuant
ainsi à le maintenir à quelques milles de l'infranchissable obstacle,
il le lui fit contourner et l'amena au sud. de l'île.

Les navigateurs purent voir alors que les abords de la terre
ferme n'étaient plus défendus que par des amoncellements de glaçons soudés les uns aux autres et l'environnant comme un continent. Là au contraire les glaçons, divisés en morceaux plus ou
moins grands, surnageaient, s'entre-choquant parfois avec un
bruit sourd, s'unissaient en certaines places et laissaient ailleurs
de larges flaques d'eau libres dont les reflets de topaze faisaient
une merveilleuse opposition avec les sommets glacés encore couverts de neige.

— Messieurs, dit le capitaine Torell se tournant vers les
savants curieusement groupés sur le pont, demain nous aborde-
rons à Jean-Mayen.

CHAPITRE X

Une vaste étendue d'eau s'ouvrait dans les banquises et formait une sorte de canal qui se prolongeait vers le nord, aussi loin que les yeux, même aidés de longues-vues, pouvaient atteindre. Néanmoins, le capitaine Torell, en homme de mer expérimenté, ne voulant rien laisser au hasard, ordonna de louvoyer en vue des glaces et du passage qu'elles paraissaient offrir. Pendant ce temps, la grande baleinière à vapeur fut mise à la mer ; elle alla explorer le canal et jeter la sonde destinée à mesurer la profondeur des eaux, avant que le *Pôle-Nord* s'aventurât lui-même dans cette sorte de golfe.

Cependant les membres de l'expédition contemplaient avec admiration le spectacle que leur présentaient les banquises. MM. Jules Rousset, William Seedling, Alexis Polowskine et Henri Ledru formaient un groupe séparé qui promenait une longue-vue dans les profondeurs de l'horizon. Fréquemment pourtant les jeunes hommes paraissaient distraits dans leurs observations et retournaient la tête comme s'ils attendaient quelqu'un.

C'est qu'en effet, le Russe Alexis avait annoncé à ses amis la guérison définitive de son oncle qui, profitant du beau temps, se proposait de faire ce jour-là sa première sortie de convalescence. Les deux naturalistes et le chasseur attendaient avec anxiété le noble conseiller qu'ils allaient être heureux de féliciter sur l'amélioration de sa santé.

Ils le virent bientôt s'avancer sur le pont, s'approcher d'eux et leur adresser ce sourire bienveillant dont il semblait avoir le secret et qui séduisait tout le monde au premier abord.

— Permettez-moi, monsieur le conseiller, dit M. Jules Rousset en saisissant vivement la main que lui tendait le convalescent, de vous exprimer la joie que mes amis et moi avons ressentie en apprenant la fin de votre cruelle maladie. Nous vous souhaitons de grand cœur que ce retour à la santé soit définitif.

— Grand merci, messieurs ! répondit gracieusement M. de Kolikof ; ma convalescence me semble d'autant plus précieuse qu'elle me permettra de vous voir chaque jour et de vous remercier de l'amitié constante que vous montrez à mon neveu. Mais il est quelqu'un à qui je désire surtout témoigner toute ma reconnaissance. C'est vous, monsieur Henri Ledru ; je sais que deux fois vous avez généreusement fait le sacrifice de votre vie pour sauver celle de cet imprudent enfant. Veuillez me faire l'honneur de me permettre de serrer votre loyale et vaillante main.

Le seigneur russe s'approcha du chasseur français et, saisissant sa main, l'étreignit dans les deux siennes.

Henri Ledru tenta de répondre à ces témoignages si flatteurs d'estime et de gratitude, mais les mots refusaient de se formuler sur ses lèvres. Il parvint enfin à dominer son émotion et répliqua, non sans balbutier un peu :

— Monsieur, vous me comblez d'honneur. Je ne mérite pas les remerciements que vous me donnez, car c'est moi qui le premier dois la vie à M. Alexis. S'il n'avait pas commencé par me sauver au péril de ses jours, il m'aurait été impossible de lui rendre depuis le petit service dont vous exagérez l'importance.

— Peste ! dit en souriant M. de Kolikof, vous parlez bien à l'aise d'un combat corps à corps avec un des plus terribles animaux de la création. Je connais les ours blancs, monsieur Ledru ; j'ai eu l'honneur aussi de me mesurer avec eux et je sais quel sang-froid, quelle présence d'esprit, quel coup d'œil, quelle force il faut déployer pour sortir vainqueur d'une de ces luttes. Si les hasards de notre entreprise me permettent de retourner un jour dans ma patrie, j'espère que vous voudrez bien me faire l'honneur de venir m'y visiter. Vous trouverez là l'occasion de faire des chasses dignes de vous.

— Mon oncle, dit Alexis d'une voix pleine de caresses, je vous remercie personnellement des bonnes paroles que vous venez d'adresser à mon sauveur ; je vous remercie surtout de l'heureuse inspiration que vous avez eue de l'inviter à venir nous rendre visite en Russie. Je serai heureux et fier de présenter à mes amis d'enfance ce vaillant compagnon, dont la bonté et la modestie seules surpassent le courage et l'admirable présence d'esprit.

Alexis alla presser les mains de son oncle ; quant à Ledru, rendu confus par cette avalanche de compliments, il rougit et pâlit tour à tour ; mais il ne jugea pas opportun de reprendre la parole. Peut-être aussi ne trouvait-il pas les mots nécessaires pour exprimer ce qu'il aurait voulu dire. Les deux naturalistes approchèrent du vieillard une sorte de chaise longue couverte de fourrures, comme on en avait monté plusieurs sur le pont, dans le but d'offrir des sièges aux savants membres de l'expédition qu'un torp long séjour debout aurait pu fatiguer. Chacun, les yeux fixés sur le spectacle qui se déroulait en avant du navire, ne tarda pas à s'isoler dans une sorte de contemplation muette.

Du côté du nord, de l'est, de l'ouest, se déroulait une immense mer de glace qu'interrompait seul le canal d'eau libre dans lequel la baleinière était allée faire ses observations et chercher un port pour le *Pôle-Nord*.

C'était un spectacle à la fois sévère et grandiose. Rien ne saurait rendre les impressions vives et poignantes qu'il faisait naître. A l'admiration des spectateurs se mêlait, au fond du cœur, une sorte d'épouvante involontaire. Bien qu'ils eussent déjà vu, analysé et contemplé de près l'iceberg qui avait continué sa course vagabonde vers l'ouest, le spectacle qu'ils avaient sous les yeux, par son ensemble et ses détails, leur donnait la perception d'un ordre de choses nouveau. Leurs regards restaient fixés et comme paralysés sur ce monde inerte, lugubre et silencieux. Tout le néant de l'humanité semblait ressortir de cette contemplation ; une pensée involontaire se dressait implacable dans leur esprit : un homme abandonné à lui-même dans ces régions désolées devrait, comme à la porte de l'Enfer du grand poète italien, abandonner toute espérance. Nulle ressource, nulle consolation, nulle étincelle d'espoir ne viendrait jamais adoucir ses angoisses. C'est l'isolement, c'est l'impuissance, c'est le froid, c'est la mort !

Suivant que les explorateurs regardaient à droite ou à gauche, à tribord ou à bâbord, comme disent les marins, la banquise offrait des formes bien diverses. Les bords de la masse glacée placée au nord-est du navire étaient bien dessinés, taillés à pic comme une muraille. Aussi loin que pouvaient porter les regards, la surface des glaces n'offrait aucune protubérance, et sans doute elle devait s'étendre comme un immense miroir poli.

La partie placée au nord-ouest, au contraire, présentait une côte brisée et morcelée ; partout elle offrait à la vue de petits canaux pénétrant à l'intérieur, assez larges pour permettre à des barques de s'y engager. Sans doute, au moment de la formation de cette portion de la banquise, les glaces arrivant du nord et celles qui s'étaient formées aux abords de l'île avaient été agitées et bouleversées par les lames ; une sorte de combat avait dû se livrer entre elles ; toujours est-il qu'elles s'étaient entassées dans un indescriptible désordre. Les amoncellements observés sur l'iceberg, comparés à ceux qui composaient la banquise, eussent paru de simples collines placées à côté des Alpes ou des Pyrénées.

Une sorte de brume enveloppait cette partie de l'horizon et donnait aux montagnes de glace accumulée une teinte grisâtre.

Tout à coup le soleil, victorieux de vapeurs qui couronnaient ces cimes, illumina les glaces de ses rayons magiques et un cri d'admiration échappa à tous ceux qui purent contempler ce merveilleux spectacle.

On a souvent parlé des mirages dans les déserts de sable. Au loin, à l'horizon, la caravane mourant de soif et de faim aperçoit un lac d'eau brillante et limpide ; les hauts palmiers, et toute la végétation tropicale qui croît à leur ombre, se mirent dans les flots ; les voyageurs sentent pour un instant renaître leurs forces avec l'espérance ; on se hâte, on se précipite vers l'oasis bienfaisante ; mais, hélas ! tous ces efforts héroïques sont faits en pure perte : le lac aux flots bleus, les palmiers et les amas de verdure s'éloignent peu à peu et finissent par disparaître, ne laissant aux malheureux que la désillusion et le désespoir.

Le soleil envahissant les cimes abruptes de la banquise, et pénétrant dans la profondeur des vallées et des failles, donna aux hôtes du *Pôle-Nord* un spectacle non moins merveilleux, quoique moins décevant.

Une ville immense leur sembla surgir au milieu des frimas : ici, des lignes de maisons aux formes diverses, s'étendant à perte de vue ; là, des palais superbes avec leurs colonnades de marbre blanc, étincelant sous les flèches d'or de l'astre du jour.

— Voyez ! disait Alexis émerveillé ; la cité que le soleil vient d'enfanter a ses murailles, ses tours, ses créneaux, ses ponts-levis et ses fossés ! Regardez donc cette splendide cathédrale qui se dresse avec sa forêt de clochetons au centre même de la ville !

— Moi, reprit Henri Ledru, je vois bien votre ville et ses monuments splendides ; mais ce que j'admire surtout, c'est là, à ma gauche, ce joli village qui ne semble éloigné que de quelques kilomètres de la brillante cité. Voyez-vous ces collines avec des rangées de ceps qui couvrent leurs flancs, tandis que leurs crêtes sont couronnées par de grands arbres ? Voyez-vous ces riches châteaux, ces riants cottages, et le clocher sur lequel un coq sert de girouette, et ces bocages discrets, et ces prairies couvertes de troupeaux ! Ne dirait-on pas que la teinte blanchâtre qui enveloppe tout cela est formée par un tapis de neige qu'un caprice de la nature aurait fait tomber en plein été ?

Telles étaient les impressions subies par les cinq amis réunis sur le pont et par les autres membres de l'expédition qui, eux aussi, ne pouvaient se lasser de contempler ce sublime spectacle. L'heure du repas, signalée par les sons d'une cloche, vint les tirer de leur extase ; et, comme le froid vif avait aiguisé les appétits, nul ne se fit prier pour se rendre à l'appel qui était fait.

La baleinière envoyée à la découverte, et dont le commandement avait été confié au lieutenant Mac-Lead, ne reparut à l'horizon que cinquante-six heures après son départ ; l'officier expérimenté qui avait conduit l'expédition vint rendre compte au commandant Torell du résultat de ses investigations. Le canal offrait, dans toute son étendue, une largeur grandement suffisante pour laisser au *Pôle-Nord* sa liberté d'allures ; de nombeux sondages, opérés dans tout le parcours, avaient accusé une profondeur de plus de cent brasses. Enfin, l'embarcation, ayant atteint la côte méridionale de l'île Jean-Mayen, y était entrée dans une rade sûre et bien abritée, où le navire pourrait trouver un asile assuré contre les coups de vent et contre les temps les plus défavorables. L'entrée de ce petit port était étroite et se prolongeait sur une assez grande longueur, mais le lieutenant avait parfaitement étudié ce chenal et se chargeait, pour y faire pénétrer le *Pôle-Nord*, de lui servir de pilote et de se mettre à la barre.

Deux jours furent encore nécessaires pour faire les préparatifs d'un débarquement et pour aborder dans la rade signalée.

Dès lors commença pour l'équipage un travail incessant et extrêmement fatigant. Le directeur général de l'expédition, M. d'Harvillers, après avoir consulté le capitaine Torell sur la possibilité de gagner avant l'hiver les côtes du Groënland, avait résolu de faire séjourner l'expédition dans l'île de Jean-Mayen pendant cette terrible saison. Il s'agissait donc d'un hivernage, c'est-à-dire d'un arrêt de près de six mois sur une terre glacée, et pendant la moitié de ce séjour on devait rester plongé dans une nuit absolue et non interrompue.

Bien des choses étaient à prévoir. L'eau du petit port dans lequel était entré le *Pôle-Nord* était encore libre ; mais, bien qu'elle fût abritée de toutes parts par de hautes falaises, elle ne tarderait pas sans doute à geler et à emprisonner le navire. Fallait-il se préparer à demeurer à bord pendant la saison glacée, ou serait-il plus avantageux de chercher à terre un lieu favorable pour s'y établir ? Les précautions avaient été prises avant le départ pour que l'un ou l'autre de ces partis pût être pris indifféremment.

M. d'Harvillers fit réunir en conseil tous les membres de l'expédition et leur demanda leur avis sur cette grave question.

D'abord les opinions furent partagées. L'hivernage à bord offrait des avantages matériels incontestables. Les marins de l'équipage, vivant au milieu des membres de l'expédition et de tout le personnel, seraient moins exposés à être envahis, pendant la nuit polaire, par ces ennuis et ces découragements qui sont toujours le signal des maladies terribles et des grands désastres dans ces contrées inhospitalières. D'un autre côté, la chaudière de la machine, non utilisée pour la marche du navire, pourrait aisément, grâce à un système de tubes savamment disposés, envoyer de la vapeur d'eau surchauffée qui donnerait dans tout l'intérieur du bâtiment une température constante et suffisamment élevée pour assurer le bien-être de tout le monde.

Des partisans de l'atterrissage firent valoir que l'expédition n'avait pas le droit de rester inactive pendant son long séjour sur l'île de Jean-Mayen. Ce coin de terre, à peine connu jusqu'à ce jour, devrait être exploré dans tous les sens, en attendant que la mer, donnant de nouveau passage au *Pôle-Nord,* lui permît de gagner les côtes du Groënland et de continuer son voyage. Or il serait très difficile, quand les eaux seraient gelées autour du navire, de se rendre à terre et de franchir les hautes falaises qui environnaient le port de toutes parts. Ils firent valoir que l'on avait apporté les matériaux nécessaires pour établir de vastes maisons dont les murailles doubles, formées, à la façon russe, de troncs d'arbres superposés, permettraient de braver les froids les plus intenses, grâce à un système de chauffage emprunté également à ce peuple ingénieux dans tous les arts qui ont pour but de combattre les frimas. Les dépenses de combustible ne pouvaient entrer en ligne de compte, car on était certain d'en trouver dans l'île un dépôt considérable apporté antérieurement par un des navires qui étaient partis en avant de l'expédition et qui avaient été spécialement chargés de ce service. Une première exploration ne tarderait pas à faire connaître le point où se trouvait ce dépôt. Enfin, pour ce qui concernait les matelots de l'équipage, les membres de l'expédition, partisans d'un établissement à terre, firent valoir que, pendant tout le temps que le navire serait retenu captif dans les glaces, la présence à bord de l'équipage devenait tout à fait inutile ; les marins pourraient donc venir s'installer et demeurer au milieu du personnel scientifique. Leur concours serait précieux pour toutes les explorations partielles que l'on tenterait soit dans l'intérieur de l'île, soit sur les banquises. Un dernier argument plus décisif que tous les autres fut tiré de la nécessité de créer à terre des observatoires et d'y être continuellement présent pour noter les résultats obtenus.

L'avis favorable à la création d'un établissement à terre prévalut donc, et il fallut sans retard s'occuper de l'opération difficile et compliquée du débarquement.

Huit jours furent nécessaires pour la mise à terre des matériaux préparés pour la construction des maisons et des observatoires. Les charpentiers, aidés de la plupart des hommes de l'équipage, rangèrent soigneusement sur la falaise les pièces de bois préalablement étiquetées et numérotées, dont chacune avait sa place acquise et devait se relier à sa voisine au moyen de tenons, des mortaises et d'un ingénieux système de chevillage.

Pendant ces travaux préparatoires, une première expédition, composée de quelques-uns des savants explorateurs, descendit à terre ; les deux naturalistes et leurs amis ne demandèrent pas à en faire partie, car il s'agissait surtout de choisir les points où il conviendrait le mieux d'établir les observatoires astronomiques et météorologiques. Le choix de ces emplacements revenait de droit aux astronomes, aux physiciens et aux météorologistes de l'expédition. Ce premier petit voyage suffit pour déterminer le lieu où l'établissement central serait créé.

Les explorateurs rencontrèrent, en effet, au sommet de la falaise qui défendait le port contre les vents d'est, une sorte de déclivité qui formait comme un vaste entonnoir ou plutôt comme une grande cuvette, dont les profondeurs se trouvaient, par la forme même de cette inflexion du sol, garanties contre tous les vents. Tout au fond de cette vallée en miniature, ils aperçurent un vaste hangar construit avec soin et parfaitement clos. Au pied d'un poteau indicateur, solidement planté au sommet de la falaise, ils trouvèrent, en creusant le sol, une caisse de fer enveloppée soigneusement dans une chemise de caoutchouc qui la garantissait contre l'oxydation.

A l'aide d'une clef placée à côté, ils ouvrirent le coffret et y trouvèrent le récit du séjour que le navire d'approvisionnement avait fait sur la côte, quelques détails sur la configuration du sol dans les environs du lieu de débarquement et la liste des objets enfermés dans le magasin.

Les savants explorateurs décidèrent unanimement que le point où étaient conservés les vivres, les munitions, les provisions de toute sorte et le combustible, apportés par leurs devanciers, était admirablement approprié pour la construction des maisons d'habitation, et ordre fut donné aux charpentiers et aux matelots de venir y commencer leurs travaux. Quant aux deux observa-

Ils ouvrirent le coffret.

toires, on décida qu'ils seraient solidement construits sur la crête même de la falaise, afin que les savants, chargés de recueillir des documents sur la température, les courants d'air, les pressions atmosphériques, les directions du vent, sur les variations de la boussole, la hauteur des marées avant la congélation complète de la mer, les aurores boréales et autres phénomènes météorologiques, de même que les astronomes qui observeraient la marche des astres, fussent placés dans les conditions les plus favorables à leurs études et à leurs investigations.

Pendant que s'agitaient ces graves questions, Henri Ledru poursuivait le cours de ses études avec une ardeur sans pareille. Ses progrès étaient si rapides que les deux naturalistes avaient peine à comprendre où il trouvait le temps nécessaire à l'accomplissement de ses travaux. Quant à Alexis, il mettait à ses nouvelles fonctions d'instituteur un zèle si grand que lui seul aurait pu, s'il l'eût voulu, donner aux deux jeunes savants le mot de l'énigme. Grâce à l'esprit méthodique qu'il apportait dans son enseignement, grâce surtout à son dévouement, à son assiduité, à sa complaisance inépuisable, à la clarté de ses démonstrations, il amena en peu de jours son nouvel ami à connaître à fond les nomenclatures si difficiles et si embrouillées de la faune et de la flore universelles.

Henri Ledru prenait à ces leçons un si vif plaisir qu'il se montrait infatigable. Non content de faire d'incroyables progrès dans les sciences naturelles, il se livrait, guidé par les conseils de son ami Alexis, à de longues et fructueuses lectures. Dans leurs conversations, le jeune Russe, polyglotte, employait tantôt une langue, tantôt une autre ; de la sorte, le chasseur arrivait non seulement à comprendre l'anglais, l'allemand, le russe et le danois, mais il commençait à parler ces langues d'une manière assez passable.

— Mon cher ami, lui disait joyeusement Alexis, vous verrez que nous ferons de vous un savant accompli.

— Je le désire plus que je ne l'espère, répondait Ledru, car ce serait un bienfait de plus que je tiendrais de votre précieuse amitié.

CHAPITRE XI

Malgré les rapides progrès qu'il faisait dans ses études, Henri Ledru continuait à être d'une tristesse mortelle. Il semblait même que le temps, loin de cicatriser sa mystérieuse blessure, ne fît qu'envenimer sa plaie et lui apporter de nouveaux chagrins.. En vain Jules Rousset, son compatriote et son ami, en vain sir William Seedling, qui pour lui semblait avoir dépouillé sa froideur britannique et ses manières hautaines, lui témoignaient-ils la plus chaude amitié et faisaient-ils de perpétuels efforts pour le dérider, il continuait à rester plongé dans cette préoccupation triste, qui avait remplacé sa gaieté d'autrefois et son ancienne insouciance. Seul, Alexis parvenait à faire sourire son nouvel ami ; Henri l'écoutait avec une sorte de ferveur religieuse ; tout ce qui sortait de la bouche du jeune Russe se gravait dans sa mémoire. Il se plaisait, nous l'avons dit, à converser en russe, en anglais, en allemand, en danois, et parlait toutes ces langues avec une facilité extraordinaire. La bonne humeur de son ami le rendait joyeux pour tout un jour et le moindre nuage apparaissant sur son front le plongeait dans une profonde inquiétude. Alexis, qui s'était aperçu de l'influence qu'il exerçait sur le caractère et sur l'esprit du chasseur, s'efforçait de lui cacher toutes les impressions tristes qu'il pouvait ressentir et ne négligeait rien pour réveiller sa bonne humeur par des saillies ou des bons mots. Il se montrait d'ailleurs très fier des rapides progrès de son élève ; un soir, il l'invita à venir partager dans la cabine de son oncle le repas du vieux grand seigneur russe. Celui-ci, que sa santé condamnait à une vie très sédentaire, n'avait pas été informé jusqu'alors de l'amour subit de l'étude qui s'était emparé du montagnard et des rapides progrès qui avaient été la récompense de ses efforts. Il se montra ravi quand il entendit à sa table les deux jeunes gens converser en plusieurs langues, aborder les sujets les plus divers. Ledru, jusqu'alors naïf et ignorant, avait pris pour l'étude un tel amour qu'il employait non seulement ses journées au travail, mais que ses nuits presque entières étaient consacrées à la lecture des chefs-d'œuvre littéraires écrits dans les diverses langues qu'il commençait à connaître. C'est ainsi qu'il avait fait connaissance avec les maîtres de notre littérature, Molière. La Fontaine, Corneille, Voltaire, Rousseau, et qu'il avait appris à vénérer le grand Victor Hugo. C'est ainsi qu'il avait aussi pu se familiariser avec les Anglais Shakespeare et lord Byron, et les Allemands Schiller et Gœthe.

M. de Kolikof, heureux de constater des progrès si extraordinaires, tendit la main à Henri Ledru.

— Mon ami, lui dit-il, — permettez-moi de vous appeler ainsi, — vous êtes de cette forte race d'hommes à la volonté desquels rien ne saurait résister. Continuez dans la voie où vous êtes et je n'ai pas besoin d'être sorcier pour vous prédire que le plus glorieux avenir vous attend. Tout ce que vous désirerez, s'accomplira suivant vos souhaits.

— Merci, Monsieur, de votre bonne opinion ; je serais heureux de vous croire, mais je crains bien que vos prédictions ne s'accomplissent jamais. Je suis, hélas ! de ceux qui ne désirent rien ou qui, lorsqu'ils formulent un vœu, demandent des choses impossibles.

M. de Kolikof sourit.

— Je comprends, dit-il, cette insatiable ambition d'une grande âme. N'importe ! je maintiens mon pronostic ; ayez les désirs les plus fous, les plus irréalisables, et si vous apportez la force de volonté que vous avez dû mettre à l'étude pour accomplir les progrès que vous avez faits en si peu de temps, je vous assure que le succès couronnera vos efforts. Le monde appartient aux travailleurs infatigables.

Ces félicitations de M. de Kolikof rendirent Henri Ledru heureux pour une journée entière.

Pendant que MM. Jules Rousset, William Seedling et Alexis Polowskine continuaient à concentrer tous leurs efforts dans le but de compléter l'instruction du chasseur, les hommes de l'équipage travaillaient sans relâche à construire les bâtiments dans lesquels l'expédition était appelée à passer la terrible saison d'hiver.

Les constructions destinées à l'établissement d'observatoires astronomiques et météorologiques furent bientôt achevées. Le navire, en effet, portait à son bord ces bâtiments faits à l'avance en bois, et composés de pièces de charpente exactement numérotées et pouvant se monter et se démonter avec une extrême rapidité. En moins de trois jours, ce travail fut achevé et les instruments d'observation, télescopes, longues-vues, aéromètres, baromètres, thermomètres, etc., furent mis en place. Les savants chargés de ces études commencèrent à noter avec soin la série de leurs observations.

Les bâtiments d'habitation devaient être plus longs à élever. On avait apporté sur le *Pôle-Nord* tous les bois nécessaires à cette construction. Ce n'avait pas été là une précaution inutile, car dans toute l'île de Jean-Mayen on eût cherché vainement un seul tronc d'arbre. Il est vrai qu'en y mettant le temps on aurait pu trouver, dans la baie où le navire était à l'ancre, des bois flottés amenés là, de contrées et de latitudes lointaines, par des courants marins dont l'existence est depuis longtemps constatée, sans qu'on ait pu jusqu'à présent déterminer exactement la loi qui les régit.

Ces bâtiments d'habitation, dont on avait, avant le départ, longuement étudié le plan et les agencements, devaient être entièrement construits en bois, suivant la méthode des paysans russes. Sur un sol et des fondations en ciment, on élèverait des murs à double paroi formés alternativement de deux rangées de troncs d'arbres, placés dans toute leur longueur, et de morceaux coupés à l'épaisseur de chacune des parties de la double muraille. Quand ces deux murs séparés par un espace d'environ un mètre seraient achevés, on remplirait le vide qu'ils formaient entre eux avec des plumes dont on avait embarqué une énorme quantité ; ainsi capitonnées, ces murailles devaient former une barrière impénétrable à la température extérieure. Des soins analogues seraient pris pour les ouvertures. Portes et fenêtres devaient être triplées de façon à ce que, lorsque l'une des croisées ou des portes serait ouverte, il en restât toujours deux de fermées.

On se proposait de construire au centre du bâtiment un de ces immenses poêles en faïence dont on se sert en Russie et dans tous les pays froids, quand M. Brossowski, un des savants géologues de l'expédition, vint faire part d'une découverte des plus singulières qu'il venait de faire à moins de trente pas du lieu même où l'on avait construit les bâtiments d'habitation.

Ces bâtiments avaient été orientés au sud et appuyés contre une des parois de rochers qui terminaient au nord l'espèce d'entonnoir où l'on s'était décidé à s'établir. Le savant russe et son collègue, M. l'ingénieur Edwards Blossom, des États-Unis, s'étaient engagés le long de ces pentes abruptes dans le but de déterminer la nature des couches géologiques de ces terrains tourmentés, quand ils découvrirent une source qui jaillissait de la terre avec une grande force et qu'un véritable nuage de vapeur cachait complètement aux regards.

L'eau de cette source était très chaude ; un thermomètre plongé au point où elle jaillissait de terre indiqua qu'elle avait 95 degrés, c'est-à-dire cinq degrés seulement de moins que l'eau bouillante. Elle descendait en cascade suivant une pente presque perpendiculaire pendant sept ou huit mètres au plus, puis disparaissait tout entière dans les entrailles de la terre en pénétrant sous un énorme bloc de roche jeté là par quelque commotion volcanique.

Quand ils rentrèrent le soir à bord du *Pôle-Nord*, les deux savants excursionnistes réunirent leurs collègues pour leur faire part de leur découverte.

En cette circonstance, Henri Ledru, interrogé par M. de Kolikof, put faire montre non seulement de son savoir nouvellement acquis, mais encore de l'esprit pratique qu'il savait apporter dans toutes les circonstances de la vie.

— J'ai lu, dit-il, qu'autrefois, au moyen âge, des moines étaient allés s'établir dans le Groënland où ils avaient construit un monastère, dédié à saint Thomas. Ils firent, comme M. Bros-

sowski et M. Edwards Blossom, la découverte d'une source thermale voisine de leur demeure. Ils mirent aussitôt à profit cette
mine de calorique que leur offrait la Providence. Non seulement,
leurs cellules furent chauffées, non seulement ils utilisèrent cette
eau bouillante pour préparer leurs aliments et faire cuire leurs
viandes et leurs légumes, mais encore ils construisirent de vastes
jardins couverts dans lesquels ils firent passer le précieux cours
d'eau. La chaleur dégagée par cette source thermale convertit
leur jardin en une véritable serre chaude où ils purent faire
pousser des fleurs, des fruits et des herbes comme s'ils avaient
vécu dans un climat tempéré. Je pense, puisque vous voulez bien
demander mon humble avis, que nous ferions bien d'imiter les
moines d'Ounartok et d'utiliser au profit de notre hivernage la
source d'eau chaude découverte par ces messieurs.

Cet avis fut accueilli par des applaudissements unanimes.

M. le docteur Paul Bernard, chef du service de santé, appuya
tout particulièrement sur l'importance qu'il y aurait à créer un
jardin d'hiver où, grâce à une température favorable, on pourrait faire pousser du cresson, de la moutarde et quelques autres
plantes antiscorbutiques.

— Nous avons, il est vrai, dit-il, apporté une provision considérable de jus de citron conservé et depuis hier chaque matelot
et chaque membre de l'expédition a reçu l'invitation d'en venir
boire une cuillerée à la pharmacie. Si à ce puissant antidote nous
pouvons joindre quelques plantes au suc acide, de l'oseille fraîche,
des tiges d'oignon, de l'ail vert, nous sommes certains d'être
préservés du mal affreux qui a décimé ou même anéanti des
expéditions entières.

Sur l'avis unanime de tous les membres présents à la réunion,
on décida que le cours d'eau chaude serait recueilli à sa source
et amené dans les bâtiments d'habitation. On se mit sur-le-champ
à l'œuvre. Des tubes en terre soigneusement recouverts d'une
épaisse couche d'étoupes goudronnées, pour éviter la déperdition
d'une calorique, reçurent la totalité de la masse d'eau jaillissante
et l'amenèrent dans un vaste réservoir fermé qu'on construisit
sur le point culminant du bâtiment. De ce réservoir, l'eau
chaude passant par une série de tubes en fonte, disposés tout le

tour des pièces composant l'habitation, devait y entretenir une température constante de quinze à vingt degrés Réaumur au-dessûs de zéro. Tous cés tubes aboutiraient à un tube final qui déverserait l'eau dans un vaste réservoir placé au centre du jardin d'hiver.

Celui-ci comprendrait un espace de plus de cent mètres de long sur quatre-vingts mètres de large ; les murailles en seraient faites de pièces de bois noyées dans du ciment. La masse d'eau chaude qui se déverserait constamment dans le réservoir entretiendrait dans cette immense pièce, recouverte d'une toiture en pentes rapides, une température de dix degrés. Bien que le mode de construction employé et qui, faute de temps, ne pouvait pas être l'objet des mêmes soins que les maisons d'habitation, fût moins que celles-ci à l'abri du froid extérieur, on pouvait être certain que par les gelées les plus terribles la température serait continuellement supérieure à celle de la glace fondante. Bien qu'on dût, moins d'un mois plus tard, entrer dans la période de la nuit polaire, on résolut de ménager quelques ouvertures vitrées qui laisseraient pénétrer la lumière, cet auxiliaire indispensable de la végétation.

Pendant que tous les hommes de l'équipage employaient leur temps à l'exécution de ces importants travaux, les naturalistes et leurs amis, Alexis Polowskine et Henri Ledru ne restaient pas inactifs ; des sondages faits dans la *baie du Refuge*, c'est ainsi qu'on avait baptisé le port où s'était arrêté le *Pôle-Nord*, avaient amené du fond de la mer une quantité énorme de coquillages et de mollusques curieux et dont un grand nombre étaient encore inconnus. D'un autre côté, le chasseur et le jeune Russe, luttant d'adresse, parcouraient les bords de la mer et avaient enrichi les collections d'histoire naturelle d'une grande quantité d'animaux et d'oiseaux spéciaux à ces climats.

Pendant que les deux savants et leurs aides recueillaient à profusion des poissons, des mollusques, des échinodermes, des coraux, des éponges, etc., les chasseurs parvenaient à mettre à mort un de ces animaux qu'on croyait à jamais disparus, le lamentin (*Rhytina*), qui avait été vu pour la dernière fois par Steller, en 1741, sur l'île de Behring. Ils tuèrent aussi des phoques, des otaries, des lions de mer.

Un jour, ils eurent la bonne fortune de tuer un des oiseaux les plus curieux qu'on puisse rencontrer dans les régions polaires et qui est pour ainsi dire l'indicateur des frimas, nous voulons parler du *Canut*.

Cet oiseau singulier tient à peu près le milieu entre une bécassine et un pluvier. La couleur de son plumage change d'une façon étonnante, selon la saison de l'année. En été, il est d'un brillant rouge brique ; en hiver, d'un grave gris cendré. C'était déjà la livrée qu'avait revêtue celui qui tomba sous le fusil de Ledru. Chaque fois que l'été s'approche, il remonte plus au nord, comme si la chaleur n'était pas de son goût. C'est ainsi qu'on le voit en hiver au nord de l'Europe, qu'on le rencontre plus tard en Islande ou au Groënland, et qu'enfin il s'enfonce vers le nord dans les contrées où les hommes n'ont pas encore pénétré. C'est là sans doute qu'il fait son nid, car tous les naturalistes de notre époque s'accordent à dire que nous ne savons rien de sa nidification. Ce fait est de ceux sur lesquels on s'appuie pour supposer qu'il y a au pôle même toute une région tempérée et des terres sur lesquelles les oiseaux peuvent se réfugier quand ils veulent se reproduire, couver leurs œufs et élever leurs enfants.

Un matin que les deux chasseurs s'avançaient non sans peine sur la crête des falaises abruptes contre lesquelles venaient frapper les flots de la mer restée libre de glaces, ils aperçurent à trois ou quatre portées de fusil une énorme baleine dont le corps émergeait comme un îlot au-dessus des flots, et qui envoyait dans les airs deux jets d'eau retombant en cascades suivant une courbe gracieuse.

— Que penseriez-vous, ami Henri, dit Alexis, d'une chasse à diriger contre cette mignonne bête ?

— Ce serait superbe, mais il faut pour cela un canot, un équipage, et nous sommes, je crois, trop peu en odeur de sainteté auprès du capitaine Torell pour qu'il consente à nous confier tout cela. Cependant, si M. Rousset et son ami veulent bien s'en mêler, il ne faut pas désespérer de les voir réussir.

— Peuh ! fit le jeune Russe en faisant une moue dédaigneuse, beau triomphe, ma foi ! d'aller, à vingt personnes, attaquer ces pauvres bêtes sans défense. Pourquoi pas aussi nous armer de ces fusils meurtriers, je dirais même assassins, avec lesquels on envoie dans le corps des malheureuses baleines une balle explosible et empoisonnée ? Mon ami Ledru, ce que je vais vous proposer est un véritable morceau de roi, une chasse merveilleuse, que pas un Européen n'a faite avant nous. Ecoutez !

« Je me suis muni de singuliers petits bateaux que j'ai fait faire en Russie en empruntant aux Esquimaux le modèle de leurs kayaks. Ces bateaux sont en caoutchouc d'une seule pièce. Quand ils sont pliés, ils ne font guère plus de volume qu'un drap de lit ; nous pouvons donc ne faire part à personne de nos projets et nous embarquer à la poursuite des baleines sans qu'on sache même que nous avons quitté la terre ferme. Cela vous va-t-il de venir en ma compagnie nous mesurer avec un de ces monstres marins ? Nous aurons chacun notre embarcation, notre rame à double palette, et l'arme originale dont je vous montrerai l'usage. Bien que j'y aie apporté quelques perfectionnements, cette arme est due aussi à l'invention des Esquimaux qui, comme vous le verrez, ne sont pas aussi bêtes qu'on voudrait bien le croire.

— Monsieur Alexis, dit Ledru, vous me demanderiez si je veux descendre avec vous dans les entrailles de la terre, vous savez bien que je n'hésiterais pas à vous y suivre. A plus forte raison je suis disposé à vous accompagner quand il s'agit d'une partie de plaisir.

— Alors, c'est dit, et vous verrez que notre petite chasse ne manquera pas de charmes.

— A quand le départ ? demanda gaiement Ledru.

— Je vous ferai signe ; j'ai quelques préparatifs à faire. Mais en attendant, si vous m'en croyez, nous ne parlerons de notre projet à personne. Chacun nous ferait des observations dont nous ne tiendrions pas compte, et l'on dirait de nous que nous sommes des entêtés. D'ailleurs, chacun croirait que nous allons accomplir un acte héroïque et fou ; tandis que je vous déclare d'avance, moi, que nous ne courrons pas le plus mince danger.

Ils achevèrent ainsi leur longue promenade en devisant. Quand ils rentrèrent le soir au navire, où l'on continuait à demeurer en attendant la fin des aménagements de l'habitation de terre, ils rapportaient deux renards bleus et un lièvre blanc. On leur fit savoir que les membres de l'expédition s'étaient réunis en assemblée générale et que les deux naturalistes désiraient les voir se présenter à la réunion.

Ils s'y rendirent à la hâte et ils apprirent bientôt de quoi il s'agissait.

Plusieurs des savants réunis, désirant utiliser le temps qui s'écoulerait encore avant la nuit constante et les quatre ou cinq heures de lumière dont se composait encore la journée, avaient résolu d'aller explorer l'île et de pousser leur course, si cela était possible, jusqu'au volcan de Beerenberg. Ce voyage, bien que ne s'étendant que sur une longueur de trente milles, devait offrir les plus grandes difficultés, peut-être même les plus grands périls, en raison des obstacles à franchir, pics escarpés, rochers abrupts, précipices immenses, glaciers inabordables. On comprit que plusieurs jours seraient nécessaires pour accomplir cette course qui n'eût été, en Europe, qu'une promenade, et l'on prit les mesures utiles pour en assurer le succès.

Les membres désignés pour faire partie de cette expédition furent :

MM. le géologue français Tissot, la naturaliste suédois van Kervard, le géologue russe Brossowski, M. Polo Molini, professeur italien de géodésie, M. Emile Belinfante, le physicien belge, et son collègue danois, le docteur Northorst. Enfin MM. Jules Rousset et William Seedling, désignés d'office pour prendre part à cette exploration, demandèrent et obtinrent d'emmener avec eux Henri Ledru et Alexis Polowskine, dont l'adresse et le talent de chasseurs feraient de précieux auxiliaires.

— Mon cher Henri, dit Alexis, nous n'avons pas de temps à perdre si nous voulons nous livrer à notre grande chasse avant notre départ pour l'intérieur de l'île. Voulez-vous, ce soir, quand tout le monde dormira, venir frapper discrètement à la porte de ma cabine ? J'ai d'assez longs préparatifs à faire dans lesquels vous pouvez m'aider.

— Comptez sur moi la nuit comme le jour, dit Henri en lui serrant la main avec effusion.

CHAPITRE XII

LA CHASSE A LA BALEINE.

Henri Ledru se garda bien de manquer au rendez-vous. La partie de chasse projetée lui offrait un double attrait: d'abord le plaisir d'une aventure tentée en compagnie de son ami Alexis, et ensuite la perspective, toujours séduisante pour un chasseur, de se trouver pour la première fois de sa vie en face d'une baleine, ce géant de la création. Cependant, disons-le, il ne se rendait pas un compte exact des moyens d'action que le jeune Russe se proposait d'employer. Comment, en effet, ne pas prévenir les membres de l'entreprise sans obtenir l'autorisation au moins du capitaine Torell? Par quel sortilège pourrait-on, sans son assentiment, mettre à flot la plus légère barque, et comment partir du navire pour se mettre à la poursuite du cétacé?

Quand il arriva dans la cabine d'Alexis, il ne trouva point tout d'abord la solution de ces problèmes compliqués. Le jeune secrétaire était en train de vider une caisse de moyenne grandeur et il paraissait si absorbé par cette occupation qu'il ne vit pas entrer le chasseur.

— Dites-moi vite, mon ami, lui demanda celui-ci, comment vous espérez emporter d'ici vos kayaks, si notre grognon de commandant ne consent pas à nous permettre de réaliser notre belle expédition.

— Soyez tranquille, répondit Alexis en souriant ; je suis en train de retirer de ce coffre tout ce qui nous sera utile pour entreprendre notre chasse. Si saint Hubert veut nous être quelque peu propice, nous reviendrons ce soir couverts de gloire. Nos amis les naturalistes n'auront qu'à dépecer la baleine qui s'est si imprudemment aventurée dans notre rade.

Pierre Ledru écarquillait ses yeux, car il ne voyait tirer du coffre mystérieux que des pièces d'étoffe peu volumineuses, de petits coffrets étroits, recouverts en peau de chagrin, et des rouleaux enveloppés de papier goudronné. Si grande était pourtant sa confiance en son jeune ami qu'il ne songea pas un instant à douter de sa parole.

— Voici, dit gaiement Alexis en retirant un tube de cuivre rouge, une de nos armes les plus essentielles ; c'est une pompe à air que vous allez m'aider à mettre en état.

Grâce à un système de soupape des plus ingénieux, la petite pompe, qui dans sa plus grande longueur n'excédait pas 50 centimètres, fut bientôt prête à fonctionner. Henri, qui avait étudié un instrument de même nature dans le cabinet de physique du bord, ne se montra pas le moins du monde embarrassé pour aider son ami dans ce travail, d'ailleurs très élémentaire ; mais il continuait à se creuser la tête et à se demander de quelle utilité pourrait être une pompe à air dans une chasse à la baleine.

— Vous allez, je vous prie, reprit Alexis, revêtir votre costume imperméable ; il importe que, comme le jour où vous vous êtes si généreusement jeté à l'eau pour me sauver la vie, vous ne couriez pas le danger de vous noyer dans ces eaux glacées.

Puis il continua à étaler sur le sol divers objets dont le chasseur ne pouvait arriver à s'expliquer l'emploi.

— Un peu de patience encore, lui dit le Russe, et vous ne tarderez pas à comprendre. Ceci, dit-il en ouvrant un coffret long et mince, est un fusil porte-amarre, fabriqué à Paris par votre habile armurier Lepage, sur les dessins d'un ingénieux pêcheur M. Boutard. On s'en sert déjà en Europe pour lancer des flèches aux truites dans les cours d'eau claire et on le désigne alors sous le nom de fusil de pêche. — Voici la lance qui, pour nous, remplacera la flèche destinée aux poissons d'eau douce ; elle est, comme vous voyez, terminée par une pointe aiguë, et cette pointe en acier trempé sera solidement retenue dans les chairs où elle pénétrera par de petits crochets résistants. Nous allons y fixer cette longue courroie flexible, fabriquée avec des intestins de phoque. Cela forme une corde d'une solidité à toute épreuve.

— Je commence à comprendre, dit Ledru. Avec ce fusil, nous

enverrons la lance qui ira s'enfoncer dans les flancs de la baleine et nous laisserons filer la courroie derrière le monstre que la douleur mettra en fuite. C'est ainsi, m'a-t-on dit, que s'y prennent les baleiniers européens ; la lance projetée par le fusil remplacera l'arme terrible du harponneur. Mais je ne vois pas encore sur quelle embarcation nous irons poursuivre notre proie ; nous faudra-t-il donc attendre que la baleine s'approche assez de terre pour que nous puissions l'attaquer ?

— Non, non ! soyez tranquille ; je vous ai dit que nous allions imiter les Esquimaux et que j'ai perfectionné leurs instruments de chasse par trop primitifs. Si vous m'en croyez, nous allons, sans plus tarder, nous diviser les bagages et nous mettre en route avant d'avoir donné l'éveil.

— Mais enfin il faut bien que quelqu'un nous conduise à terre !

— Ce n'est pas indispensable. Allez prendre votre vêtement et revenez vite ; ayez surtout grand soin de le revêtir en suivant toutes les prescriptions commandées ; le défaut d'assujettissement d'un seul des obturateurs qui empêchent l'eau d'y pénétrer pourrait vous coûter la vie. Ce serait un danger pour tous les deux, car vous savez bien que je ne reviendrai pas à bord sans vous.

Henri s'éloigna sans demander d'autres explications, et le jeune Russe continua sa besogne. Ce qui semblait n'être que des pièces d'étoffe fut déployé dans la longueur de la cabine ; c'était un tissu caoutchouté absolument imperméable et affectant la forme d'une embarcation très étroite, amincie aux deux bouts, ayant environ 5 mètres de longueur et 45 centimètres de large vers le milieu seulement.

Alexis s'occupa activement d'établir la carcasse de ces kayaks de nouvelle espèce. Il introduisit dans l'intérieur de cette sorte de long fourreau, par une petite ouverture pratiquée à la partie supérieure, tout un système de ressorts d'acier qui en se détendant donnèrent à l'embarcation la forme d'un long boudin ; quand ces ressorts eurent été solidement attachés les uns aux autres au moyen de petits rivets avec pas de vis et écrous, le bateau improvisé avait une force de résistance plus grande que celle que présentent les kayaks des Esquimaux avec leur carcasse faite de bois léger. Au-dessus de l'embarcation, dont la profondeur ne dépassait pas 50 centimètres, s'ouvrait une ouverture circulaire garnie tout autour d'un cercle de caoutchouc résistant.

Quand Henri Ledru rentra chez son ami, il comprit quel genre de canots on allait adopter, et il demanda comment on les mettrait à la mer.

Sans répondre, Alexis ouvrit un sabord qui donnait sur la mer ; il fixa en haut de sa cabine un fort piton retenant une poulie et passa sur cette poulie une corde qu'il attacha à une courroie placée sur la surface supérieure du kayak. Quand l'embarcation se trouva ainsi suspendue, Henri remarqua qu'en dessous du batelet rendu rigide par sa carcasse intérieure il se trouvait une sorte de second compartiment flottant. Il demanda l'usage de cette poche qui s'étendait dans toute la longueur du kayak. Alexis lui expliqua que, faute de cette addition, les bateaux esquimaux n'ont aucune stabilité sur l'eau et que le moindre mouvement peut les faire chavirer. L'espèce de longue poche qu'il avait ajoutée sous le kayak était destinée à se remplir d'eau et à former un lest. Des expériences, faites antérieurement par lui, lui avaient démontré qu'ainsi équilibré, le léger bateau, sans rien perdre de ses qualités de marcheur, acquérait toute la stabilité désirable.

Dans une enveloppe de caoutchouc, hermétiquement fermée et formant sac, on plaça tous les instruments qui devaient servir à la chasse, puis le jeune Russe montra à son ami comment il fallait introduire la partie inférieure de son corps dans le frêle esquif et comment on devait le manœuvrer à l'aide d'une pagaie à double palette.

Le premier kayak descendu à la mer, les deux amis en préparèrent un second qui fut mis à l'eau par le même procédé ; puis, après avoir attaché sur leur dos la pagaie dont ils allaient avoir besoin, ils se laissèrent à leur tour successivement glisser le long de la double corde qui retenait leurs légères embarcations. Non sans peine, ils s'y installèrent, s'assurèrent que la double poche s'était remplie d'eau et, détachant les amarres qui les retenaient, ils s'éloignèrent sans bruit du navire en plongeant alternativement à droite et à gauche dans les flots une des extrémités de leur double rame. Ils se rendirent ainsi à terre où, ayant amarré leurs kayaks, ils attendirent patiemment le jour qui, comme nous l'avons déjà dit, sous ces latitudes et à cette époque, apparaît sans crépuscule et ne dure que quelques heures.

Alexis Polowskine utilisa ce repos forcé en faisant à son ami les recommandations qu'il jugea nécessaires et en lui faisant connaître dans tous ses détails le rôle que chacun d'eux aurait à jouer. C'est ainsi que non seulement Henri apprit l'emploi des divers outils contenus dans son sac de caoutchouc, mais encore qu'il comprit l'importance qu'il y avait à ne pas laisser échapper sa rame d'environ 2 mètres de long, dont la perte pouvait être pour lui un danger mortel.

— Bien que l'addition d'un lest d'eau à nos petits bateaux, diminue les chances qu'ils ont de chavirer, dit Alexis, il ne faut pas vous dissimuler qu'un faux mouvement peut amener ce résultat. N'oubliez pas en ce cas que c'est grâce seulement à un mouvement de votre rame que vous pouvez revenir sur l'eau et remettre votre esquif à flot. Les Esquimaux de l'Alaska, avec lesquels j'ai pratiqué cette chasse, sont si habiles dans cette manœuvre que pour un verre d'eau-de-vie ou peu de tabac ils se renversent volontairement sous l'eau, la tête en bas, et opèrent un tour complet sur l'axe du bateau. Ne tentons pas pour notre compte cet exercice de haute école ; soyons prudents et surtout conservons notre sang-froid.

Dès que le jour apparut, les deux hardis jeunes hommes grimpèrent sur les points les plus élevés de la falaise et, aidés d'une excellente longue-vue marine, ils interrogèrent l'horizon dans la partie de la mer restée libre de glace.

Henri Ledru fut le premier qui signala la présence de la baleine, dont le dos énorme, émergeant des flots, formait au loin vers le sud une tache noire au milieu des vagues blanchissantes.

Ils se replacèrent dans leurs frêles embarcations, et bientôt, manœuvrant leur longue rame avec une habileté peu commune, ils s'avancèrent en pleine mer, glissant sur les flots avec la rapidité et l'aisance d'une locomotive qui s'élance sur ses rails.

Quand ils eurent ainsi parcouru près de deux milles, ils aperçurent le monstre marin qui continuait, sans s'émouvoir, à se livrer à de joyeux ébats à quelques centaines de mètres d'eux, sans avoir l'air de s'inquiéter le moins du monde de leur présence.

— Voici le moment, dit Alexis ; préparez votre arme et vos engins.

Et tous deux, silencieusement, après avoir introduit dans leur fusil, sur une couche de poudre protégée par une bourre de feutre, la lance-harpon, se mirent à faire agir vivement la pompe à air dont chacun était muni.

Des vessies en caoutchouc à l'orifice desquelles le robinet de la pompe fut adapté commencèrent à s'enfler et prirent bientôt la rotondité de ces ballons de baudruche qu'on lance dans les airs pendant les réjouissances publiques. Quand chacun d'eux eut ainsi gonflé une dizaine de ballonnets, ils les accrochèrent le long de leur kayak et en attachèrent un à l'extrémité de la courroie retenue par la lance-projectile. Ils s'avancèrent alors, le plus silencieusement possible, vers le monstre marin, qui, sans doute voyant des hommes pour la première fois, continuait, sans défiance, à plonger et à faire ses formidables cabrioles. Ils arrivèrent ainsi à une dizaine de mètres du cétacé et profitèrent du moment où par ses évents ils lançait dans le ciel deux énormes jets d'eau, pour presser la détente de leur arme.

Habilement dirigées, les deux lances frappèrent la baleine en plein corps et s'enfoncèrent profondément dans ses chairs. L'animal, sous l'impression de la douleur causée par cette double blessure, plongea profondément et disparut aux yeux des deux chasseurs qui, de leur côté, s'éloignaient à force de rames pour éviter d'être submergés par un coup de queue de la bête atteinte. La lance avait entraîné avec elle la longue courroie et le ballon gonflé d'air ; ils purent voir ces deux vessies résister longtemps et flotter, puis s'enfoncer à la suite de la baleine disparue.

Bientôt ils virent à plus de cent mètres de distance l'animal blessé émerger de nouveau au-dessus de l'eau pour venir y reprendre haleine. Le double jet d'eau qu'il laissa échapper témoignait par sa teinte rose que les blessures reçues avaient transpercé la couche de graisse qui le recouvrait et avaient pénétré jusqu'à ses parties charnues.

Ils rechargèrent leurs armes et se dirigèrent de nouveau du côté de la proie convoitée. La baleine, en les voyant s'approcher et se doutant qu'ils étaient les auteurs des cruelles douleurs qu'elle ressentait, plongea de nouveau. Alexis, qui naviguait à trois ou quatre mètres à peine de son compagnon, lui fit remarquer dans les flots une large traînée sanglante.

Feu!... cria Alexis.

— Courage ! dit-il ; un nouvel effort et le monstre est à nous.

En effet, outre l'affaiblissement que lui causait la perte de son sang, la baleine, dans ses efforts pour fuir et pour s'enfoncer dans les flots, était retenue par le double flotteur qu'elle entraînait à sa suite. Elle reparut promptement et assez près des deux chasseurs pour être à portée de leurs armes.

— Feu ! cria Alexis.

Et deux lances nouvelles pénétrèrent dans les flancs du malheureux cétacé, entraînant avec elles, au bout d'une longue courroie, une double vessie gonflée dont la résistance allait encore s'ajouter à celle des deux premières.

La baleine plongea de nouveau, mais les chasseurs constatèrent avec joie que, malgré de formidables efforts pour entraîner au sein des eaux les quatre flotteurs attachés à ses flancs, elle ne put réussir à les faire disparaître, et qu'après quelques secondes d'une lutte inutile, elle remonta à la surface de la mer. Deux nouvelles détonations déterminèrent deux nouvelles blessures et vinrent ajouter deux nouveaux obstacles aux efforts tentés par la bête agonisante pour échapper à ses vainqueurs.

— En avant ! s'écria Henri Ledru enthousiasmé par un si rapide succès et par une victoire aussi prompte qu'inespérée.

— En arrière ! au contraire, et sauvons-nous ! répondit Alexis qui, donnant l'exemple, s'éloigna avec une rapidité vertigineuse.

Henri Ledru le suivit, sans bien se rendre compte des raisons qui dictaient à son ami une retraite si précipitée. Quand ils furent à deux ou trois cents mètres de l'animal mourant :

— Arrêtons-nous et regardez, dit le jeune Russe.

La baleine, à bout de force et empêchée de plonger par une force aussi invincible qu'inexplicable pour elle, avait renoncé à demander son salut aux profondeurs de l'élément liquide : après avoir fait à fleur d'eau quelques évolutions comme pour rechercher les ennemis qui l'avaient si cruellement frappée, elle entra dans une colère épouvantable et se mit à s'agiter en tous sens avec l'énergie du désespoir. Sa queue terrible, qui ne mesurait pas moins de 10 mètres de long sur 6 mètres de hauteur, frappait les flots qu'elle faisait jaillir jusqu'au ciel avec un fracas effroyable. Nulle embarcation n'eût pu résister à de pareils coups de bélier. Le chasseur français comprit alors les raisons qui avaient déterminé son ami à opérer une prudente retraite. Hommes et kayaks eussent été mis en pièces s'ils fussent restés dans les eaux de la baleine agonisante.

— Rentrons à bord, dit l'intrépide Alexis, et allons annoncer à nos aimables naturalistes la conquête que nous venons de faire à leur profit.

— Hum ! conquête ! murmura Ledru d'un air de doute. N'imitons pas ces chasseurs d'ours qui vendaient la peau avant d'avoir tué l'animal. J'ai bien peur, pour ma part, que cette maudite baleine n'emporte vers des mers lointaines nos lances, nos harpons, nos courroies et nos vessies.

— Ne craignez rien, reprit le jeune Russe ; demain nous la retrouverons morte au lieu même où nous l'avons frappée ; j'ai quelque habitude de cette chasse, et je sais que la fureur dont la bête blessée vient de nous donner le spectacle ne précède son dernier soupir que de quelques heures. Demain donc, le commandant Torell enverra là une embarcation avec trois ou quatre de ses matelots ; ils amarreront solidement notre conquête et l'amèneront contre le bord du navire.

Pendant que les chasseurs devisaient ainsi en glissant sur les flots, les marins placés sur le pont du *Pôle-Nord* considéraient avec étonnement les légères embarcations qu'ils apercevaient au loin comme des points noirs. La parole était au matelot Smitt qui ne déraisonnait que devant les faits qui lui semblaient inexplicables.

— Je vous dis que ce sont des Groënlandais, répétait-il ; je reconnais bien la forme de leurs canots qu'ils appellent *baidarka* et que les gens savants prononcent *kayak* ; pourquoi ? j'en ignore.

— C'est impossible ! répondait le quartier-maître Otto ; j'ai navigué dans ces mers et ce n'est pas la première fois que je débarque à Jean-Mayen : jamais des Esquimaux ne se sont aventurés jusqu'ici. Je sais pourtant qu'ils y voient parfois des pêcheurs norwégiens ou danois ; mais ceux-ci ne commettraient pas l'imprudence de rester ici dans cette saison et de s'exposer à l'obligation d'y passer l'hiver. D'ailleurs des Européens ne se risqueraient pas dans des barques pareilles. Décidément, plus ils approchent, plus je suis obligé de me ranger à l'avis de Smitt ; ce sont bien là des Esquimaux montés dans des kayaks.

Ce ne fut que lorsque les deux chasseurs furent arrivés dans les eaux du navire à l'ancre et qu'ils purent faire entendre leurs voix que les matelots de quart les reconnurent.

— Ils auront trouvé dans quelque anse du rivage des bateaux abandonnés, dit Otto, et ils auront voulu revenir par mer, pour se faire honneur de leur découverte.

— Mais non ! reprit Smitt, ces *baidarka* ne sont pas fabriqués par des Groënlandais ; vous voyez bien qu'ils ne sont pas en peau de phoque ?

On tendit des amarres aux jeunes gens ; ils grimpèrent agilement sur le pont, après avoir attaché leurs esquifs au bout des cordages qui leur servirent à escalader le navire.

Les deux kayaks furent hissés à bord. Pendant que les chasseurs les démontaient, roulaient les ressorts de la carcasse, pliaient le caoutchouc formant l'enveloppe et confiaient ces objets à la garde des matelots :

— S'il n'y a pas d'indiscrétion, demanda le quartier-maître, d'où venez-vous à pareille heure et où avez-vous trouvé ces bateaux ?

— Nous venons de tuer une baleine ; quant aux canots, nous les avons emportés d'ici ce matin, dit Alexis en souriant.

— Décidément, j'ai été indiscret, murmura Otto, et ces messieurs se moquent de moi.

CHAPITRE XIII

Pendant qu'Alexis et Henri Ledru se livraient à la poursuite de l'énorme cétacé dont la mort devait leur faire tant d'honneur, M. Jules Rousset, toujours actif et matinal, s'était mis dès l'aurore au travail dans son laboratoire. Il se livrait à une étude minutieuse d'animaux et de coquillages marins qu'il s'était procurés, grâce à des sondages faits avec soin dans la baie du Refuge. Tout à coup son collègue et ami, William Seedling, entra dans la salle avec cette gravité toute britannique dont il ne se départissait presque jamais.

— Je suis heureux de vous trouver seul, cher ami, dit-il, car j'ai depuis longtemps le désir de vous faire part d'une idée des plus singulières qui me trotte dans l'esprit.

— Ma foi ! répondit le Français avec ce ton de franche cordialité qui lui gagnait le cœur de tous, je vous avouerai que, de mon côté, j'ai une confidence à vous faire et que, si j'ai hésité jusqu'à présent à vous parler en toute sincérité, c'est que je trouve moi-même mon idée si saugrenue que je ne sais comment l'exprimer sans risquer de devenir ridicule.

— Moi, reprit M. Seedling, quand j'ai pris une résolution, rien ne saurait m'empêcher d'y donner suite ; si donc vous êtes disposé à m'écouter, je vais m'exécuter sur-le-champ, au risque de faire naître sur vos lèvres votre sourire le plus moqueur.

— Je suis à vous tout entier, reprit gracieusement M. Jules Rousset.

Les deux amis s'assirent côte à côte et le naturaliste anglais commença.

— Que pensez-vous, demanda-t-il, du jeune secrétaire de M. de Kolikof ?

— Je pense, dit avec chaleur M. Rousset, qu'Alexis Polowskine est un garçon accompli. Jamais je n'ai encore rencontré dans un jeune homme tant de grâce unie à tant de courage et d'énergie. La nature l'a comblé de tous ses dons ; à une instruction solide, à une expérience précoce, elle a joint, au profit de ce cher ami, la bonté, la bienveillance, le dévouement.

— Vous pouvez continuer, interrompit M. Seedling ; tout le bien que vous en direz sera encore inférieur à l'admiration que j'ai pour ce singulier enfant. Or, c'est à son sujet que je désire vous entretenir. Vous connaissez nos mœurs anglaises ? Mes compatriotes aiment les paris ; moi, je viens vous en proposer un.

« Je gage avec vous, monsieur Rousset, autant de livres sterling que cela pourra vous plaire, qu'Alexis Polowskine, le neveu du conseiller intime, M. de Kolikof, n'est autre chose qu'une demoiselle charmante. »

— Oh ! oh ! voilà qui est singulier ! s'écria Jules Rousset. La confidence que je voulais vous faire était exactement de même nature. Auriez-vous donc appris à ce sujet quelque chose qui vînt à l'appui de votre hypothèse ?

— Mon ami, reprit l'Anglais d'un ton sérieux, si j'avais une preuve quelconque de ce que je dis, j'aurais la loyauté de ne pas vous offrir d'engager un pari. La meilleure preuve d'ailleurs que je suis dans le doute le plus absolu, c'est que je vous offre de changer les rôles. Je vous parie, à votre choix, que M. Alexis est une femme ou que c'est un homme. Mais vous-même, ne me disiez-vous pas qu'une pensée semblable à la mienne avait germé dans votre esprit ?

— Mon Dieu, oui ! reprit le Français ; à voir tant de grâce et tant de charmes réunis en une seule personne, l'idée m'est venue malgré moi qu'une femme seule pouvait posséder cette beauté, cette douceur et ces allures séduisantes. D'ailleurs, je dois le dire, rien jusqu'ici n'est venu justifier mes soupçons ; tout, au contraire, a semblé se réunir pour les mettre à néant. Une femme a-t-elle jamais possédé cette force musculaire, ce courage viril, cette intrépidité et ce sang-froid devant le danger, ce mépris de la douleur physique et de la mort, cette merveilleuse agilité dans tous les exercices du corps ? Tout paraît se liguer pour me prouver la fausseté de notre hypothèse, mais dès que mes yeux rencontrent le regard profond et caressant du jeune Russe, toute mon âme s'émeut et mon cœur me crie : C'est une femme !

— Vous venez de définir assez exactement ce qui se passe en moi, dit M. William Seedling. C'est pourquoi je reviens à notre gageure. Voulez-vous parier que c'est une femme ? moi, j'engage volontiers cent guinées pour soutenir la thèse contraire ; si vous préférez changer les rôles, cela m'est encore parfaitement égal.

— Va donc pour cent guinées ! dit en riant M. Rousset. Je tiens pour le sexe féminin.

— Allons ! c'est chose convenue. Plaise à Dieu, continua l'Anglais avec un soupir qui eût été comique chez un homme aussi peu communicatif, s'il n'avait pas eu un si grand caractère de sincérité, plaise à Dieu que je perde mon pari ! Ce n'est pas cent livres, mais cent mille, toute ma fortune, que je donnerais pour que le neveu soit une nièce, le jeune garçon une jeune fille !

— Diable ! diable ! dit M. Rousset vivement ému. Vous dites cela avec un tel accent que je crains de vous comprendre.

Oh ! vous pouvez me comprendre ! s'écria l'Anglais avec impétuosité. Je ne veux pas vous faire un mystère de l'état de mon âme. Si celui que nous avons jusqu'ici appelé notre jeune ami était une jolie demoiselle, je l'aimerais de toutes les forces de mon cœur et je ferais tout au monde pour devenir son époux.

M. Jules Rousset se leva et alla prendre la main de son collègue.

— Votre confiance commande la mienne, dit-il gravement. Ne souhaitons pas que notre folle hypothèse devienne jamais une réalité. Nous deviendrions des rivaux et l'un de nous deux au moins serait condamné à être éternellement malheureux.

Le bruit qui se faisait sur le pont du navire et qui signalait l'arrivée des deux chasseurs montés sur leurs barques singulières arracha M. Rousset et son collègue à leur conversation intime. Ils se dirigèrent du côté où se faisaient entendre les joyeuses acclamations, et ils ne furent pas les derniers à s'étonner du costume et de l'attirail des chasseurs. Quand ils connurent l'heureux résultat de la chasse entreprise, ils félicitèrent vivement leurs jeunes amis, qui se dérobèrent enfin à l'ovation dont ils étaient l'objet et se réfugièrent dans leur cabine respective pour prendre quelque repos et changer de costume.

La capture d'une baleine constitue toujours, à bord d'un navire, un événement important. Le capitaine Torell, tout en maugréant contre l'imprudence des chasseurs qui s'étaient passés de sa permission pour se livrer à leur folle entreprise, se hâta de faire mettre à la mer un grand canot à vapeur et d'envoyer son quartier-maître Otto, expert en la matière, avec un équipage de six matelots, à la recherche de l'animal mort. Quand, quelques heures plus tard, les deux naturalistes, mélancoliquement appuyés sur le bordage du pont et considérant en silence la mer, virent revenir la petite expédition remorquant à sa suite l'énorme cétacé presque aussi gros qu'un navire, ils échangèrent un regard.

— Ma foi ! j'avoue, pour ma part, mumura le Français, que la vue d'une telle proie n'est pas faite pour me rassurer sur le sort de ma gageure.

— Qui sait ? répondit M. Seedling ! on rencontre parfois des phénomènes si étranges ! Enfin, qui vivra saura.

Plusieurs jours furent employés à dépecer la baleine. La chair livrée à l'équipage lui fournit des repas plus copieux que délicats. Les bandes de graisse qui servaient d'enveloppe au monstrueux animal furent converties en huile dont on remplit plusieurs tonnes ; les intestins, lavés et séchés avec soin dans un four qu'on construisit spécialement pour cet usage, furent mis de côté pour en fabriquer plus tard des cordes d'une extrême solidité. Les fanons furent aussi soigneusement conservés. Quant à la carcasse, elle était si volumineuse qu'il fallut renoncer à la garder entière ; elle eût, à elle seule, encombré le pont du *Pôle-Nord* et rendu impossible la manœuvre. MM. Rousset et Seedling, résolus à enrichir un des muséums d'Europe de ces magnifiques dépouilles, se résignèrent, avec l'aide de leurs préparateurs, à désarticuler tous les os composant cette colossale carcasse et à les emmagasiner dans un coin de la cale, après les avoir soigneusement numérotés. Alexis et son ami Henri, en élèves zélés et dévoués, ne furent pas les derniers à apporter leur concours à l'exécution de ce travail délicat.

Pendant que les naturalistes étaient occupés à conserver leur conquête, les géologues de l'expédition continuaient leurs préparatifs pour la grande et difficile exploration qu'ils avaient projetée dans la partie nord de l'île. Aucun soin ne fut négligé pour assurer le plus possible la sécurité et le bien-être des excursionnistes pendant la durée de leur mission. Nous avons dit que MM. Jules Rousset, William Seedling, Alexis Polowskine et le chasseur Henri Ledru avaient été désignés pour faire partie de l'expédition. On les prévint enfin que la colonne se mettrait en marche le lendemain aux premières lueurs du jour.

Aucun des savants explorateurs n'avait pu prévoir les difficultés qui les attendaient.

Dix matelots, des plus robustes et des plus intrépides, avaient été joints aux membres de l'expédition, soit pour les aider à se frayer une route à travers les glaciers et les agglomérations des roches abruptes qui semblaient composer l'île tout entière de Jean-Mayen, soit pour transporter les vivres et les instruments qui seraient utilement employés à faire des observations scientifiques et pour se livrer à l'investigation du volcan, si toutefois on réussissait à escalader ce pic de Beerenberg, but principal de l'exploration.

On était arrivé à la moitié du mois de septembre. Les froids commençaieut à se faire sentir avec une rigueur extrême, et les jours, devenus excessivement courts, devaient rendre le voyage aussi long que difficile, en nécessitant des arrêts quotidiens de dix-huit à vingt heures. Heureusement le ciel continuait à être pur et dégagé de nuages.

Les bagages avaient été transportés à l'avance sur le point le plus élevé de la falaise. Les voyageurs partirent donc gaiement dès que le soleil surgit à l'horizon, et escaladèrent assez allègrement les pentes rapides qui séparaient de la tente portative où leurs instruments avaient été mis à l'abri. Cette tente devait leur servir de demeure durant les longues nuits pendant lesquelles ils seraient forcés de camper.

Le capitaine Torell, qui avait désigné son lieutenant Mac-Lead pour commander les matelots faisant partie de l'expédition, avait voulu accompagner les savants explorateurs pendant leur première journée de marche. Il fut, en conséquence, décidé qu'il assisterait le soir à l'installation du campement, qu'il coucherait sous la tente et que le lendemain seulement il retournerait au navire.

Tout se passa assez bien pendant cette première étape ; après avoir descendu, non sans peine, une pente abrupte composée de roches basaltiques dont les arêtes prismatiques coupaient les chaussures les plus solides, ils étaient arrivés à une sorte de plaine dont le sol dénudé et aride était tout entier formé d'un amoncellement de cendres et de scories. On franchit ainsi l'espace d'environ quatre milles, et on arriva, à la nuit tombante, au pied de roches élevées qui formaient une muraille à pic.

Le savant géologue anglais, sir Henri Asleep, et son collègue M. Tissot, membre de l'Institut de France, avaient examiné avec une attention soutenue le chemin qu'on avait parcouru. Quand on eut rencontré, dans une fissure de rochers, un point favorable pour y dresser la tente, les matelots se mirent à l'œuvre avec cet entrain et cette bonne humeur qui forment comme le fond de leur caractère et ne les abandonnent jamais, chaque fois qu'il s'agit d'accomplir une entreprise aventureuse.

— Nous allons à la recherche d'un volcan, dit sir Asleep en se tournant vers ses collègues, et nous paraissons ignorer que nous marchons sur le fond d'un cratère. Vous avez pu comme moi observer les roches de la falaise et constater que, dès que nous avons atteint ce vallon désolé, nous l'avons vu environné dans tous les sens par de hautes roches abruptes. Or, le sol de la vallée se compose uniquement de cendres et de scories coupantes, semblables à celles qui s'écoulent des hauts fourneaux. Ces roches, contre lesquelles nous avons établi notre campement, sont toutes d'essence lavique. Elles se composent de nappes basaltiques, de trachyte, de phonolite, d'eurite et d'obsidienne, et ne sont, à proprement parler, que les bords externes d'un cratère dont le fond s'est rempli par la chute des matières ignées et des cendres lancées pendant la dernière éruption.

— Ce que dit mon collègue, reprit M. Tissot, est d'une évidence indiscutable, et j'oserai dire plus encore. L'île de Jean-Mayen tout entière n'est certainement que le reste d'une éruption sous-marine, semblable à celle qui, en 1831, a fait surgir dans la Méditerranée, au sud-ouest de la Sicile, à 11 lieues de la ville de Siacca, bâtie sur le rivage, une île qui disparut ensuite peu à peu, après avoir atteint une hauteur de 60 mètres au-dessus des eaux et plus d'une lieue de tour.

Les savants explorateurs devisaient ainsi, chaudement enveloppés dans de moelleuses fourrures qui remplaçaient pour eux le foyer absent. Malgré des recherches minutieuses, les matelots n'avaient pu, tout le long du parcours, trouver aucun débris qui leur permît de faire du feu. Bien leur avait pris, au point de vue culinaire, d'avoir emporté une provision d'huile à brûler ; car, grâce à un fourneau portatif des plus ingénieux, ils purent néanmoins préparer le repas.

La longue nuit s'écoula enfin et ne fut troublée par aucun incident fâcheux. Les voyageurs, suffisamment abrités contre le froid, dormirent tant bien que mal, et, quand le jour parut, chacun se trouva reposé et prêt à reprendre la route interrompue. La tâche à accomplir se présenta alors hérissée de difficultés nouvelles.

Les roches qui formaient l'arête nord du cratère éteint dans lequel ils avaient campé étaient d'une prodigieuse hauteur et partout n'offraient que des surfaces perpendiculaires et lisses qu'il était impossible de songer à escalader. Après un quart d'heure de vaines tentatives, le capitaine Torell, qui n'avait pas voulu s'éloigner avant de voir l'expédition engagée dans une voie praticable, réunit tout le monde en cercle et parla en ces termes :

—L'entreprise que vous avez tentée est évidemment impraticable par les moyens que vous avez employés jusqu'ici. L'aspect seul de cette muraille vous démontre l'absolue impossibilité d'aller plus loin dans la direction du nord. Je me souviens parfaitement que, quand mon oncle Otto Torell voulut visiter l'intérieur de l'île de Jean-Mayen, il fut arrêté net par le même obstacle, et qu'il dut renoncer à cette entreprise. Je conclus donc que vous n'avez rien de mieux à faire que de revenir avec moi au *Pôle-Nord*.

Ce discours, plus logique qu'encourageant, jeta la consternation dans tous les esprits. Nul ne songeait pourtant à le réfuter et chacun gardait le silence.

— Faut-il donc que le premier obstacle matériel que nous rencontrons nous arrête et nous force à la retraite ? dit enfin le physicien belge, M. Belinfante. Certes, je ne prétends pas nier l'impossibilité où nous sommes, avec les moyens qui sont actuellement entre nos mains, de poursuivre notre exploration ; mais nous pourrons, dès que nous serons de retour au navire, aviser aux procédés à employer pour vaincre cette difficulté. Pour moi, voici ce que je propose :

« Quelqu'un, d'abord, parmi les matelots ici présents, se sent-il capable d'atteindre le sommet de ces roches ? Pour des hommes agiles et habitués à grimper dans la mâture, peut-être la tentative n'est-elle pas impossible. »

Pas un des marins ne répondit.

— Monsieur Belinfante, dit Henri Ledru, s'il est nécessaire que quelqu'un grimpe sur le haut de ces falaises, je m'en charge.

— Très bien ! très bien ! dit le savant belge ; en ce cas, le problème est résolu. Vous emporterez dans votre ascension un peloton de fil à voile que vous nous lancerez du haut de la muraille ; nous y attacherons une corde solide dont vous tirerez à vous un des bouts. Quand ce bout sera solidement attaché en haut et en bas, nous nous en servirons pour guider dans son ascension un ballon dans la nacelle duquel nous nous placerons par escouades plus ou moins nombreuses, suivant sa force ascensionnelle. Un câble qui retiendra le ballon à la terre permettra, quand les premiers partis auront débarqué sur le haut de la falaise, à ceux qui seront restés en bas d'attirer de nouveau à terre le ballon, qui pourra ensuite faire un second voyage et permettre à l'expédition tout entière de franchir cet obstacle malencontreux.

— Mon cher collègue, dit en souriant Jules Rousset, je crois que votre imagination vous entraîne un peu au delà des choses vraiment pratiques. Pour mon compte, je vois bien des objections de détail à opposer à votre romanesque projet. Je me contenterai de vous signaler le temps qu'il faudra pour préparer l'hydrogène nécessaire au gonflement du ballon ; or, chaque jour nous amène plus près de cette terrible nuit polaire où toute entreprise doit être forcément abandonnée. Je serais heureux de voir surgir quelque autre proposition.

— Me sera-t-il permis d'émettre mon humble avis ? demanda timidement le jeune Alexis Polowskine.

— Parlez ! parlez ! s'écria-t-on tout d'une voix.

— Oh ! c'est bien simple ! dit en souriant le Russe. Le but que vous vous proposez actuellement, Messieurs, est moins l'exploration de l'intérieur de l'île que la visite et l'étude du volcan Beerenberg. Puisque la route par terre nous est interdite dès le point de départ, je propose de prendre la route par mer. Vous avez pu remarquer comme moi que, si du côté de l'ouest les glaces qui environnent Jean-Mayen forment d'inabordables amoncellements, à l'est, au contraire, elles offrent dans toute leur étendue une surface unie et extrêmement praticable. N'oubliez pas, Messieurs, que parmi les hôtes embarqués à bord du *Pôle-Nord* il en est d'extrêmement intéressants et à qui leur longue prison doit peser lourdement. Les quarante chiens esquimaux que mon oncle, M. de Kolikof, s'est procurés avec tant de peine, trouveraient là une bien belle occasion de prendre l'air et de nous conduire sur les glaces dans ces beaux traîneaux que nos ingénieurs ont fait construire avec grand soin. C'est pourquoi je vous propose, Messieurs, de gagner en traîneaux la pointe nord de l'île ; après la visite du volcan, sur lequel vous désirez porter vos savantes investigations, il vous sera loisible de visiter la partie de l'intérieur dans laquelle nous pourrons pénétrer, et enfin nous reviendrons au *Pôle-Nord* par la même voie que nous aurons prise pour nous en éloigner.

La simplicité et la justesse de ce plan frappèrent tous les esprits ; on couvrit d'unanimes applaudissements la proposition du jeune Russe et l'on prit immédiatement la route du retour.

— Le commandant Torell, qui s'était tu jusqu'alors, s'approcha d'Alexis et lui tendant la main :

— Pour un blanc-bec, vous êtes vraiment étonnant, dit-il ; il y a en vous l'étoffe d'un matelot fini et, sur l'honneur ! je suis heureux, malgré vos étourderies, de vous avoir à mon bord.

CHAPITRE XIV

EN TRAINEAUX.

Quand on fut arrivé au navire et qu'on se mit sérieusement à préparer la nouvelle expédition, on put constater de plus en plus combien heureuse avait été l'initiative du jeune Alexis Polowskine. Grâce à son idée si simple et d'une application si facile, les membres désignés pour faire partie de cette exploration pourraient non seulement emporter avec eux tous les objets indispensables pour faire fructueusement leurs recherches scientifiques, mais encore tout ce qui pourrait contribuer à faciliter et à rendre moins pénible le voyage lui-même. Quatre traîneaux furent chargés et en outre les quinze matelots désignés pour accompagner l'expédition emportèrent chacun un fardeau supplémentaire, composé de la tente de campement, des pieux nécessaires pour l'établir et des vivres destinés à la nourriture du jour. De cette façon, les traîneaux et leurs attelages pourraient se rendre à la pointe nord de l'île et, dès le premier jour, y choisir un lieu favorable au campement.

Sur les quatre traîneaux furent placées des tentes en peaux de phoque doublées intérieurement de fourrures, des vêtements chauds et imperméables, des couvertures et tous les objets dont on avait pu prévoir par avance l'utilité pour l'observation et la visite du volcan.

Les traîneaux employés avaient 4 mètres 50 de long sur 2 mètres 20 de large, avec une profondeur moyenne de 70 centimètres. Ils étaient faits sur le modèle des *narti* sibériens ; les doubles patins, longs de 3 mètres, étaient façonnés en bois de bouleau dont l'usage a été reconnu préférable à celui du fer ou de l'acier. Les caisses longues formant les parois du traîneau étaient fabriquées de scions de saule tressés ensemble et ne formaient qu'un poids relativement léger. Toutes les parties étaient liées entre elles avec des intestins de phoque d'une solidité à toute épreuve. La carcasse elle-même du traîneau était garnie de peaux de phoque cousues entre elles et absolument imperméables.

Quand on eut transporté les traîneaux du *Pôle-Nord* jusque sur le champ de glaces où ils devaient être utilisés, on les retourna et on versa de l'eau sur les patins. Grâce à la température déjà très basse (20° centigrades au-dessous de zéro) qui se faisait sentir, il se produisit instantanément une mince couche de glace destinée à rendre plus facile le glissement du traîneau sur la surface solidifiée. C'est cette couche glacée qu'on nomme *vodiat*. Chaque véhicule bien chargé fut attelé de dix chiens.

Ces beaux et bons animaux constituent pour les Esquimaux qui les élèvent le plus précieux trésor. Ce sont eux qui empêchent leurs maîtres de mourir de faim, et rien ne saurait les remplacer. Les savants membres de l'expédition avaient compris, dès avant le départ, l'importance d'une aide semblable, et on avait emmené quarante chiens qui, comme nous l'avons dit, avaient été achetés en Sibérie par M. de Kolikof. Plus tard, si l'on trouvait à se procurer des rennes, sur les côtes du Groënland, on en acquerrait un troupeau, afin de fournir aux chiens des collaborateurs qui leur rendissent la tâche moins pénible.

Le Danois Xavier Jakobson, heureux d'avoir enfin une occasion de faire montre de son savoir et de son expérience, se chargea non seulement du soin de préparer les traîneaux, de les aménager et de les mettre en complet état de bons services, mais encore de former l'attelage des chiens confiés à sa garde. Grâce aux soins tout spéciaux dont ils avaient été l'objet, ces braves animaux, peu habitués à l'aisance et aux bons traitements, étaient devenus doux et dociles. L'ancien compagnon de Penny, du docteur Kane et de Mac-Klintock eut bientôt fait le choix de son chef de file, et l'on sait que c'est le point le plus important, quand il s'agit d'un voyage sur la glace.

Le chef de file est le chien qui précède les autres et qui doit les diriger. Xavier Jakobson choisit pour remplir cet emploi non le plus beau, mais le plus intelligent de chacune des quatre équipes de chiens qu'il avait formées, et celui auquel il connaissait le plus de nez. Il le plaça à environ un mètre en avant de tout l'attelage.

Il prit la conduite du premier traîneau; trois de ses aides se chargèrent de guider les autres. Chacun d'eux s'assit en tête du véhicule, les jambes écartées et les pieds touchant presque à la surface glacée. Ils portaient à la main un fouet long de sept mètres, y compris le manche qui avait environ cinquante centimètres et se terminait par une mince lanière de nerf durci.

Les conducteurs de traîneaux, très habiles à se servir de cet instrument de correction, peuvent à volonté indiquer par avance le point précis où ils se proposent de frapper l'animal qu'ils veulent châtier, et leur arme est si cruelle qu'elle peut, s'ils le désirent, faire jaillir le sang à l'endroit touché. Ils se gardent bien d'abuser de ce moyen de répression qui amène presque toujours un grand désordre dans tout l'attelage. Le chien frappé se retourne et mord avec rage son voisin qui à son tour en mord un autre. L'usage du fouet, loin d'accélérer la marche, de l'équipage, serait donc de nature à la retarder, et l'on ne s'en sert guère que pour infliger une correction particulière à un chien dételé qui a mérité un châtiment.

Chaque chien fut attelé aux traîneaux au moyen d'un seul trait plus ou moins long et dont les dimensions variaient de façon à ce que ces traits ne s'emmêlassent pas entre eux et que chaque chien pût tirer facilement sans gêner ses voisins.

Quand tout fut convenablement disposé, on donna le signal du départ. Les traîneaux ne s'arrêteraient que lorsqu'ils seraient arrivés à destination, c'est-à-dire lorsqu'ils auraient parcouru les trente ou trente-cinq milles qui les séparaient du volcan de Beerenberg. La sagacité des chiens suppléerait pendant la nuit à l'absence de lumière, et les traîneaux arrivés, leurs conducteurs s'occuperaient de dresser des tentes pour y recevoir le restant de l'expédition qui ne mettrait pas moins de trois ou quatre jours pour accomplir ce court voyage. Les explorateurs purent donc assister au départ des vaillants animaux, qui s'élancèrent en

avant avec une rapidité vertigineuse, entraînant derrière eux
leur fardeau aussi facilement que s'ils eussent été libres de toute
entrave. Un mot du conducteur suffisait pour faire changer
l'allure ou la direction de tout l'équipage. Le chef de file entre
tous se montrait attentif à la voix de son maître, surtout quand

On établit sur la glace la tente de peaux de phoque.

celui-ci, avant de lui donner un ordre, avait la précaution de l'appeler par son nom. Le brave et intelligent animal tournait alors sa
tête sur son épaule, comme pour bien faire voir qu'il avait compris.

Grâce aux facilités offertes par la voie nouvelle, l'expédition se
mit en marche gaiement et avec tout l'entrain qu'elle aurait mis
à entreprendre une partie de plaisir. Le froid était cependant très
vif, bien que le temps se maintînt au beau fixe. L'absence de
combustible rendait impossible tout foyer bienfaisant avant qu'on

eût rejoint les traîneaux dont l'un était chargé de bois et de houille. Ni les savants ni les matelots ne songèrent à se plaindre de ces légers désagréments ; leurs chauds costumes et la perspective d'une exploration intéressante les empêchaient de s'apercevoir de la rigueur de la saison.

Alexis Polowskine et son ami Henri Ledru avaient pris les devants, dans l'espoir que quelque gibier tué par eux pourrait venir le soir se joindre à la nourriture ordinaire et présenter un peu de viande fraîche au milieu des viandes salées et des conserves alimentaires qui formaient le stock de leurs provisions. Leurs espérances ne furent pas déçues. En se rapprochant des rives de l'île, ils aperçurent des myriades d'oiseaux qui fendaient l'air en troupes si serrées qu'elles semblaient un nuage cachant le soleil. C'étaient des guillemots nains, sorte de palmipèdes de la grosseur d'une caille. La justesse du coup d'œil des deux chasseurs et un feu bien nourri leur permirent bientôt d'emplir leurs carnassières, et ils rejoignirent le gros de la troupe aux acclamations de tous les membres de l'expédition.

Grâce à la surface unie de la plaine glacée et malgré la courte durée du jour, quand le soleil se coucha et qu'on établit sur la glace la tente de peaux de phoque qui devait les abriter pendant la nuit, les explorateurs avaient parcouru une dizaine de milles. Un matelot, chargé de préparer le repas, alluma un réchaud chauffé à l'huile de baleine et, grâce à l'adresse des deux chasseurs, on soupa joyeusement. La tente hermétiquement fermée permit à tous de dormir paisiblement sur leurs lits de fourrures et de braver le froid qui de jour en jour devenait plus intense. Le lendemain, avant le lever du jour, tout le monde était prêt pour le départ, et aux premières lueurs on se remettait en route. Le second et le troisième jour s'écoulèrent dans des conditions non moins favorables, et, à la naissance du quatrième, les voyageurs avaient l'assurance d'atteindre avant le soir le but de leur exploration.

M. Jules Rousset et sir William Seedling s'étaient réunis à leur deux jeunes amis Alexis et Henri et, le fusil en main, leur avaient apporté le contingent de leur adresse ; tous quatre marchaient en avant de la colonne, sondant du regard l'immense plaine glacée qui s'étendait sous leurs yeux et étudiant les falaises abruptes et inabordables de l'île Jean-Mayen.

Quelques oiseaux et un renard bleu qui passèrent à portée de leur fusil vinrent remplir leurs carniers. Parfois ils entrevoyaient quelque haut sommet en forme de pain de sucre qui, partant de l'intérieur des terres, s'élançait jusqu'au ciel. Nulle part n'apparaissait la moindre trace de végétation.

— Cette terre, dit William Seedling, est évidemment de formation récente. L'humus nécessaire à la naissance de toute flore n'a pas encore eu le temps de se produire, et je me rallie, pour ma part, absolument à l'opinion émise par notre savant collègue, qui assigne à cette île une origine volcanique.

— Je suis d'autant plus disposé à me ranger à cette opinion, répliqua Jules Rousset, que je vais, je crois, vous donner de son exactitude une preuve matérielle et vivante. Regardez ce haut piton qui s'estompe là, dans le vague de l'horizon. Ne vous semble-t-il pas, comme à moi, voir une colonne de fumée s'échapper de sa cime et s'élancer dans les profondeurs du ciel ?

— Parbleu ! dit le naturaliste anglais, c'est bien là un volcan, un volcan en activité, et, autant que je puis en juger par la direcion où nous l'apercevous, ce doit être le Beerenberg lui-même.

Henri Ledru, distrait de cette causerie par un vol d'oiseaux aquatiques qui s'était montré vers le nord, hors de portée de son fusil, interrompit les deux savants.

— Regardez donc, je vous prie, en avant de nous ? Ne dirait-on pas au loin une tente dressée ? ou bien ne serait-ce qu'un glaçon superposé sur la surface solidifiée de la mer ?

Tous les yeux se portèrent sur le point désigné, que sir William Seedling se mit à examiner attentivement à l'aide de son excellente longue-vue marine.

— C'est parbleu bien une tente dressée ! dit-il. J'aperçois à l'entour, se dessinant sur la glace blanchissante, des points noirs qui se meuvent et qui sont à coup sûr des êtres animés. Aurions-nous l'insigne bonne fortune de rencontrer dans ces régions désertes quelque tribu d'Esquimaux attardés à la chasse ?

— Je ne saurais le penser, dit Alexis Polowskine ; des Esquimaux, en admettant qu'il en vînt dans ces parages, ne seraient pas restés sur ces glaces épaisses et solides qui n'offrent aucun moyen de trouver dans la pêche des ressources culinaires. Des pêcheurs, de quelque nation qu'ils fussent, n'osant pas tenter un retour dans léur pays, à cause des froids prématurés que nous subissons et de l'état de la mer qui semble ne former qu'une masse solide, seraient certainement venus s'établir, eux et leurs embarcations, dans la baie du Refuge, où notre navire est à l'ancre, et où, par je ne sais quel singulier hasard, malgré le froid intense de ces derniers jours, l'eau persiste à rester libre de glaces.

Pendant que les quatre amis, devisant ainsi, continuaient à interroger l'horizon et à accumuler les hypothèses pour trouver une explication admissible de la présence d'une tente dressée sur les glaces, ils furent rejoints par le reste de l'expédition, à qui cette vue ne causa pas un moindre étonnément.

Un seul moyen certain de reconnaître la situation, était, pour les voyageurs, de poursuivre leur route et de rejoindre le campement, cause de leur surprise. Ce fut le parti auquel on s'arrêta, après quelques instants de délibération, et on se remit en route, non sans que chaque explorateur eût préalablement pris la précaution commandée par la prudence de vérifier l'état de ses armes.

La nuit approchait ; on précipita la marche. Néanmoins, l'obscurité vint arrêter les voyageurs avant qu'ils eussent pu atteindre le but poursuivi. Ils hésitaient et se demandaient s'il serait sage de s'aventurer davantage au milieu des ténèbres. Plusieurs d'entre eux, et le lieutenant Mac-Lead était du nombre, émirent l'avis que mieux valait camper au point où l'on se trouvait que de courir le risque de s'égarer dans cette plaine sans bornes, quand, tout à coup, une double lueur, répandant sur toute la nature une sorte de crépuscule, vint faire cesser les hésitations.

D'une part, une lumière blanche et assez vive leur apparut en avant, du côté du point où se dressait la tente vers laquelle ils avaient résolu de se diriger. D'un autre côté, un panache rouge et lumineux s'éleva du sommet dans lequel les naturalistes avaient cru reconnaître le volcan de Beerenberg. Cette colonne de feu, s'élançant jusqu'au ciel, répandait ses reflets sanglants sur toute l'étendue de l'horizon, et produisait l'effet de ces flammes de Bengale qu'on allume le soir dans les fêtes publiques.

— Maintenant, dit le lieutenant, nous ne risquons plus de nous égarer. En avant donc, et le plus silencieusement possible !

Une fusée d'artifice partit de la tente, sillonna le ciel et retomba en pluie d'étoiles.

— Ce sont des Européens, reprit joyeusement le marin norwégien. Donc nous serons reçus en frères. Il n'est pas possible que nos traîneaux n'aient pas rencontré ce campement. Sans doute notre ami Xavier Jakobson a vu ceux qui sont arrêtés là, leur a annoncé notre arrivée, et c'est dans l'intention de nous guider qu'ils ont allumé du feu et qu'ils lancent des fusées.

Une seconde fusée, puis une troisième, suivies à intervalles réguliers de plusieurs autres, vinrent justifier les hypothèses du vieux navigateur.

La troupe s'était remise en marche et continuait à s'avancer rapidement, grâce au demi-jour qui éclairait sa marche. Au bout d'une demi-heure, ils arrivaient au campement mystérieux. Quatre hommes debout les accueillirent avec des cris de joie. Quel ne fut pas l'étonnement des savants explorateurs quand, au lieu d'étrangers, ils reconnurent dans ces quatre hommes Xavier Jakobson lui-même et les trois autres conducteurs de traîneaux.

— Quoi ! c'est vous ? s'écria le lieutenant Mac-Lead. Pourquoi n'avez-vous pas continué votre route jusqu'au point convenu ?

— Mon commandant, reprit le navigateur danois, toute marche en avant est devenue impossible. A deux cents mètres de nous, par un phénomène bizarre et dont je ne saurais expliquer la cause, les glaces, diminuant d'épaisseur, craquaient sous le poids de nos véhicules et menaçaient de nous engloutir. Nos chiens, tous à la fois, se sont pris à trembler de tous leurs membres et ont refusé de faire un pas de plus dans la direction du nord. La lueur crépusculaire qui règne en ce moment est trop faible pour que je puisse vous montrer l'incroyable spectacle qui vous attend demain au jour ; mais alors vous pourrez vous assurer par vos propres yeux qu'à la distance d'un mille environ d'ici, la mer est libre de glaces sur un espace aussi grand qu'il est possible à la vue de s'étendre.

Ce nouvel imprévu qui se dressait subitement sous les pas de l'expédition, donna fort à réfléchir aux savants personnages qui la composaient. Comme la tente dressée par les soins de Jakobson était vaste, bien close, chauffée par un calorifère placé aisément dans son centre, on se résigna à attendre au lendemain pour prendre une détermination. Après un souper copieux, dans lequel les produits de la chasse d'Henri Ledru et de ses compagnons figurèrent encore avec honneur, on se coucha sur d'épaisses fourrures, et on se reposa des fatigues de la longue course qu'on venait d'accomplir.

Cependant, le lieutenant Mac-Lead, voyant tout le monde endormi, fit signe à l'explorateur danois, et tous deux sortirent silencieusement de la tente. Alexis Polowskine, étendu près de son ami Ledru, lui dit à voix basse :

— Le lieutenant va comploter sans doute notre retour au *Pôle-Nord* ; mais, si vous m'en croyez, ami, nous n'accepterons pas une semblable retraite qui serait absolument sans gloire et sans profit pour l'expédition et me ferait, à moi, l'effet d'une lâche désertion.

— A ce sujet, reprit le chasseur d'un ton de bonne humeur, vous me trouverez comme toujours en parfaite communion d'idées avec vous. Si l'expédition se résigne au retour, nous n'aurons qu'à avoir l'air d'accepter sa résolution. Nous partirons en avant, le fusil sur l'épaule, et nous nous échapperons quand le moment sera venu.

— Oui ; mais comment pénétrerons-nous dans l'intérieur de l'île ?

— Soyez tranquille, ami ; j'ai vu hier un point de la falaise inabordable pour tout autre que pour des montagnards. Moi qui vous ai vu à l'œuvre, je sais que nous franchirons cet obstacle sans la moindre difficulté.

— Bravo ! dit Alexis. J'avais d'ailleurs une autre solution à vous proposer, et nous aurons le temps d'y réfléchir. Mais il reste encore une objection : comment vivrons-nous, une fois que nous aurons quitté nos compagnons ?

— Moi, dit le chasseur, j'ai dans mon carnier une dizaine de biscuits ; nous avons nos fusils et des munitions ; je ne m'embarque jamais sans mon briquet et une provision d'amadou. Faute de bois, nous brûlerons des algues ou des mousses que nous récolterons dans les fissures des rochers.

— C'est vrai ! Et puis je sais que la Providence a placé dans les régions les plus glacées une manne bienfaisante. C'est un lichen précieux qui croît sur les surfaces pierreuses, et qui a sauvé la vie à bien des navigateurs égarés sans vivres dans les régions polaires : je veux parler de la physchie ou lichen d'Islande, qu'on connaît plus communément sous le nom de tripes de roche. J'en ai vu un peu partout sur les points de l'île dont nous nous sommes approchés en chassant. Cela nous sera d'un grand secours.

Ainsi devisaient les deux aventureux compagnons. Mais cette fois, leurs projets ne devaient pas s'exécuter. Le lieutenant Mac-Lead, loin de conspirer pour amener le retour anticipé de l'expédition, avait désiré s'entretenir avec son vieil ami Jakobson, afin de rechercher les moyens de surmonter l'obstacle qui se dressait subitement devant les explorateurs.

Grâce à la sagesse et à l'expérience du Danois, ces obstacles étaient déjà renversés.

CHAPITRE XV

Dès que le jour parut, tous les voyageurs se réunirent en conseil.

Le Danois Jakobson leur fit regarder l'horizon, et ils purent s'assurer qu'à peu de distance du lieu où ils s'étaient arrêtés, les glaces cessaient tout à coup, et que sur une immense surface, les eaux apparaissaient libres de toute glace flottante.

Le savant professeur anglais, sir Henri Asleep, qui avait passé une partie de la nuit à réfléchir sur les causes d'un pareil phénomène, fit connaître à la société le résultat de ses méditations.

— L'île de Jean-Mayen tout entière, dit-il, n'est autre chose que le sommet d'un immense volcan sous-marin en pleine activité. Les sources thermales que nous avons rencontrées sur les côtes de la baie du Refuge et que les matelots du *Pôle-Nord* sont en train d'utiliser pour rendre moins dur notre hivernage, la nature du sol que nous avons pu observer, la colonne de feu et de fumée qui s'échappe du pic que nous apercevons dans le lointain et qui cette nuit illuminait l'espace, sont des preuves irrécusables de mon affirmation. La source d'eau chaude que nous mettons à profit n'est sans doute qu'une parcelle d'immenses nappes d'eau bouillante enfermées dans les flancs de l'île et qui, se répandant en cataractes sous-marines dans la baie où notre navire est à l'ancre, augmentent suffisamment la température de l'eau de mer pour l'avoir empêchée de se congeler malgré les grands froids que nous avons déjà subis. La partie de mer libre que nous apercevons dans le nord nécessite une autre explication. Là, en effet, des amas considérables de glaces ont dû être amenés du nord pendant cette débâcle qu'il nous a été donné d'observer. Il a fallu une chaleur intense pour faire fondre ces montagnes glacées et pour rendre libre cette partie de mer qui s'étend à plusieurs milles aux environs. J'en conclus que d'un point nord de l'île, peut-être du volcan que nous nous proposons de visiter, peut-être d'un autre lieu sous-marin, voisin du Beerenberg, des torrents énormes de laves en fusion se précipitent dans les flots ou sourdent du fond de la mer. Telle est, à coup sûr, la cause de la température élevée de ces masses d'eau qui restent liquides, quoique environnées de glaces et soumises à un froid déjà intense.

— Monsieur, dit Jakobson, j'ai eu plusieurs fois, dans mes voyages antérieurs sur la côte orientale du Groënland, l'occasion d'observer des faits semblables. Plusieurs volcans sous-marins, surgis près des falaises du rivage, ont amené des amoncellements de matière incandescente qui, en se refroidissant, ont formé des îles, des caps et des promontoires. A plusieurs milles à l'entour, la mer reste libre de glaces pendant les hivers les plus rigoureux, et j'ai vu fréquemment flotter à sa surface de grandes quantités de poissons tués par l'invasion subite de la matière incandescente. Voyez d'ailleurs ces nuages épais de vapeur blanche qui montent dans le ciel ; je les ai toujours vus produits, dans les cas que je vous signale, au point où la lave enflammée entre en contact avec les eaux. Du reste, Messieurs, ajouta le voyageur, vous pourrez bientôt vous assurer par vos propres yeux de ce que contiennent de vrai nos suppositions.

— Il faudrait pour cela, dit sir William Seedling, pouvoir pénétrer sur la terre ferme ; or tout le long du parcours que nous venons d'accomplir, les hautes falaises basaltiques qui forment la côte m'ont paru inabordables.

— Il me semble comme à vous, reprit le Danois, qu'il serait à peu près impossible de tenter les abords du volcan par cette voie ; mais il nous reste la voie de la mer, et c'est par elle que je vous propose de nous approcher du foyer de l'éruption.

— Hélas ! objecta en souriant le naturaliste anglais, il nous manque, il me semble, pour mettre à exécution votre projet, la chose la plus essentielle, des bateaux.

— J'ai bien fait apporter, dit Alexis, deux kayaks, à l'aide desquels mon ami Ledru et moi pourrons aisément tenter l'aventure, mais ils ne sauraient servir pour tout le monde. Je ne vois guère que les traîneaux qui puissent être utilisés dans ce but.

— Hé ! c'est justement des traîneaux que je veux parler, reprit avec une vivacité toute juvénile le vieux navigateur danois. Je n'ai pas perdu mon temps en vous attendant ; les quatre traîneaux convertis en bonnes barques sont déjà à flot et ne demandent plus que des passagers.

Cette nouvelle fut accueillie avec la plus vive joie par tous les explorateurs, que la perspective d'un retour subit et d'un tel insuccès avait plongés dans une grande consternation. Il fut résolu qu'on rejoindrait sans retard les canots improvisés.

Les trois compagnons de Jakobson restèrent au campement pour y soigner les chiens, dont le secours serait si utile au retour, et pour veiller sur la partie des provisions qu'on ne jugea pas indispensable d'emporter. Puis les membres de l'expédition, suivant le Danois à la file indienne, se dirigèrent, sous sa conduite, du côté des hautes falaises du rivage. Au fur et à mesure qu'ils avançaient, la glace, devenant moins épaisse, faisait entendre sous leurs pas des craquements sinistres ; mais chacun de ces hommes affrontait le danger avec un courage qu'un sublime dévouement à la science pouvait seul leur inspirer. Ils arrivèrent ainsi près d'une petite crique creusée dans les roches, et là, au milieu des glaçons flottants, brisés par les soins de Jakobson et de ses compagnons, ils virent à flot les traîneaux convertis en canots parfaitement appropriés à une course le long des côtes dans cette partie de mer aussi calme que l'eau d'un lac.

Ces bateaux à fond plat avaient une membrure en bois dur de frêne de Russie. A l'extérieur de cette membrure, on avait adapté un nouveau système de bordé en planches, afin d'assurer aux embarcations l'élasticité nécessaire pour résister au choc des glaçons, si elles venaient à en rencontrer. Ce bordé consistait d'abord dans une enveloppe de toile imperméable, enduite de goudron, puis d'une mince planche de sapin, puis d'une feuille de feutre, et enfin d'une enveloppe de peau de phoque, le tout assuré à la membrure par des vis de fer. L'habile navigateur danois avait

relié, au moyen d'une patte d'oie en cuir, formant poupe, les
extrémités antérieures des deux patins placés de chaque côté du
fond plat formant quille. Chaque bateau avait, en guise de bancs
pour les rameurs et les passagers, un double coffre dans lequel
étaient enfermés les provisions de bouche, les instruments d'é-
tude, les outils et les vêtements de rechange pour les membres
de l'expédition. Un mât de bambou, une voile en peau de phoque
tannée, de petits avirons et un aviron de queue servant de gouvernail complétaient l'aménagement de ces barques. Deux rameurs furent placés sur chacune des embarcations ; un troisième
matelot se saisit de l'aviron de queue. Le lieutenant Mac-Lead,
placé sur le bateau qui devait occuper la tête de la petite flottille,
se réserva cette importante et délicate fonction. Quand on eut
placé cinq personnes de plus sur chaque bateau, ce qui complé-
tait à huit le nombre des passagers de l'équipage, on constata que
deux membres de l'expédition ne pourraient être embarqués sans
faire courir un danger réel de surcharge aux deux embarcations
où ils prendraient place.

Le physicien belge, M. Belinfante, et le professeur de chimie
danois, le docteur Nathorst, offrirent généreusement de renvoyer
au campement leurs deux préparateurs dont les services pourtant pouvaient leur être si utiles ; mais Alexis Polowskine demanda la parole.

— J'ai apporté, dit-il, les deux kayaks dont mon ami Henri
Ledru et moi nous sommes déjà servis avec succès pour aller à
la chasse de la baleine. L'expérience que nous avons faite de ce
mode de navigation vous est une garantie que nous ne courrons
aucun danger à la tenter une seconde fois. C'est pourquoi nous
prions les deux savants professeurs de garder leurs précieux aides, et nous nous proposons de suivre ou plutôt de précéder en
éclaireurs votre flottille, montés sur nos frêles esquifs.

Après quelques instants de délibération, on accueillit favora-
blement la requête des deux chasseurs, qui se mirent sans retard
à l'œuvre.

Les deux kayaks, ou plutôt les objets divers qui devaient les
composer, furent extraits des caissons placés contre les bordages
d'un des traîneaux-barques ; en moins d'un quart d'heure, ils

furent montés et mis à la mer. Après y avoir enfermé leurs sacs
et leurs armes soigneusement dans des fourreaux imperméables,
les jeunes gens entrèrent eux-mêmes dans ces microscopiques
batelets, fixèrent minutieusement à leur ceinture les rebords du
trou par lequel ils avaient fait pénétrer dans le kayak la partie
inférieure de leur corps et, munis de leur longue rame à double
palette, ils quittèrent hardiment le rivage. Les explorateurs,
montés sur les traîneaux-barques, les virent, glissant comme des
météores, pénétrer à travers les étroits passages laissés par les
glaçons flottants ; et, bien qu'ils quittassent eux-mêmes la rive,
poussés à la fois par une bonne brise d'arrière et les efforts com-
binés de leurs rameurs, ils ne tardèrent pas à voir disparaître
leurs jeunes compagnons, qui leur servaient ainsi d'avant-
garde.

La distance à parcourir pour atteindre la pointe du cap qui terminait l'île de Jean-Mayen au nord-est ne dépassait pas deux
milles et demi, et la partie de mer où l'on avait à lutter contre les
glaces flottantes atteignait à peine un demi-mille de longueur.
Cette excursion, favorisée par le vent, paraissait donc devoir être,
au moins dans la portion navigable, une partie de plaisir plutôt
qu'une tentative téméraire.

Les glaçons furent, en effet, dépassés sans encombre et déjà les
bateaux n'avaient qu'un mille à peine à parcourir pour doubler
le cap, quand les voyageurs virent revenir à eux, à force de
rames et avec une rapidité incroyable, les deux kayaks et leurs
conducteurs.

Quand les embarcations furent à portée de la voix :

— La mer au nord de l'île est inabordable, dit Alexis, et si
vous voulez étudier le phénomène qui s'y passe, il vous faudra
faire un très grand détour. Les eaux, couvertes d'une épaisse vapeur, sont en ébullition et forment une série de bour souflements et
d'horribles tourbillons auxquels vos embarcations ne sauraient
résister une minute.

En vous éloignant d'un mille environ vers l'est et en remon-
tant un mille plus au nord, vous pourrez jouir sans danger d'un
spectacle qui n'a probablement pas son pareil dans le monde
entier.

Le lieutenant Mac-Lead remercia les deux intrépides jeunes gens, et, après leur avoir recommandé la plus extrême prudence, tourna la barre à tribord et prit la route qui venait de lui être indiquée.

Quant à Alexis Polowskine et à son compagnon Hendri Ledru, ils ralentirent leur marche, laissèrent passer devant eux les quatre bateaux, et, au lieu de les suivre, se rapprochèrent du rivage, qu'ils continuèrent, en ramant, à serrer de près.

Le chef de l'expédition poursuivit sa route en profitant des indications précieuses qu'il avait reçues. Dès que les bateaux eurent dépassé à un mille au large le cap nord-est de l'île et qu'ils purent jeter les yeux sur l'espace de mer qu'ils avaient à bâbord, ils restèrent saisis d'admiration.

Le sommet nord de l'île n'était pas formé, comme toute la côte est, le long de laquelle ils s'étaient avancés, d'une ligne ininterrompue et à peu près droite de falaises rocheuses perpendiculaires et inabordables. Autant qu'on pouvait en juger à cette distance, on constata qu'elle présentait des pentes plus ou moins rapides, descendant jusqu'à la mer.

Au milieu de ces grèves apparaissait, couronné d'un immense panache de fumée blanche et de vive lumière, le mont Beerenberg, des flancs duquel d'instant en instant sortaient alternativement des mugissements sourds et de formidables détonations.

On eût dit tantôt la lutte de tous les vents déchaînés faisant retentir leurs voix diverses et formant un hurlement titanesque, mêlé des roulements et des éclats de tonnerre ; tantôt c'était l'épouvantable fracas qu'auraient produit cinq cents canons de marine éclatant à la fois. A chacune de ces détonations correspondait un mouvement balistique partant de la gueule du cratère et semant de points obscurs la colonne de fumée blanche et lumineuse qui s'élevait jusqu'au ciel. C'étaient des éclats de roches en fusion, des paquets de lave liquide, des amoncellements de scories et de pierre ponce que la colossale gueule, dans un paroxysme épouvantable, crachait dans les airs, pour les recevoir dans leur chute et les recracher de nouveau.

Ce sublime spectacle n'était pas cependant ce qui absorbait l'attention des savants explorateurs. La plupart d'entre eux avaient déjà joui de la vue de phénomènes analogues ; les uns avaient vu le Vésuve, d'autres l'Etna ; plusieurs étaient allés étudier dans les Cordillères de l'Amérique les éruptions des grands volcans le Popocatepelt, l'Orizaba, le Coséguina et tant d'autres.

Mais ce qu'il avait été donné à peu d'entre eux de contempler, c'était la chute du feu qui, descendant en cascades brûlantes le long des flancs de la montagne, venait se précipiter dans la mer.

De l'assise supérieure du cratère, c'est-à-dire de 2,300 mètres de hauteur, on voyait une immense nappe rouge brun s'échappant en bouillie épaisse et descendant languissamment le long des pentes adoucies du volcan. Cette grande coulée de lave incandescente semblait s'animer quand elle atteignait les pentes rapides ; on la voyait alors se précipiter avec la rapidité d'un torrent impétueux, renversant ou franchissant tous les obstacles et labourant profondément la terre. Sitôt que l'inclinaison du sol diminuait, la marche de la rivière ignée se ralentissait graduellement, son front s'élargissait ; tout était nivelé et détruit par ses flots brûlants. C'est ainsi que du haut du Beerenberg jusqu'aux bords de la mer, sur son long parcours, elle avait comblé les vallées et les bas-fonds et inondé la grande plaine qui séparait le rivage du pied du volcan. Aux yeux des spectateurs à la fois terrifiés et émerveillés, d'anciennes collines de cendres et de scories disparaissaient, enlevées par cet indomptable fleuve de feu. Ils les voyaient de loin osciller et se balancer quelque temps, puis entrer en fusion et disparaître.

Le jour touchait à son déclin ; mais à mesure que les rayons obliques du soleil s'enfonçant à l'horizon s'éteignaient, la masse brune liquide passait au rouge, puis au rouge cerise et illuminait de fantastiques reflets les nuages de vapeur qui s'échappaient des flots de lave, et, pendant le jour, en estompaient les contours. C'est ainsi qu'une lumière nouvelle envahissant l'espace remplaçait la lumière du jour. Quand le soleil eut entièrement disparu, englouti dans les amoncellements de glaces qui bordaient l'horizon, une splendide illumination à *giorno* l'avait remplacé.

Si la descente et la marche majestueuse du torrent de laves étaient de nature à éblouir, par leur aspect terrible, les spectaleurs, sa rencontre avec les flots de la mer offrait une scène plus sublime encore.

Au point où la masse incandescente touchait la plaine liquide, une lutte terrible s'engageait entre les deux éléments ennemis. A ce brûlant contact, l'eau se trouvait subitement vaporisée ; de violentes explosions traversaient l'amoncellement de roches ignées et lançaient au loin les fragments qu'elles arrachaient à sa surface.

Sur tout l'espace où la lave plongeait sous les vagues, l'eau bondissait tumultueusement, s'élançait vers le ciel en colonnes tordues, se fondait en immenses nuages de vapeur, ou retombait lourdement avec un bruit de cataracte, pour s'élancer de nouveau dans les airs et retomber encore sur la matière incandescente. Un demi-mille environ tout à l'entour de cette horrible absorption du feu par l'eau, la mer profonde, émue jusque dans ses entrailles, se mouvait et se tordait dans ces convulsions désespérées. Les hautes colonnes d'eau mélangées aux épaisses colonnes de vapeur emplissaient l'atmosphère d'une sorte de mouvement chaotique où les sanglantes lueurs du cratère et le rouge blanc du fleuve de lave venaient apporter de magiques et fugitifs reflets.

Les explorateurs, absorbés par ce merveilleux spectacle, contemplaient en silence cette lutte gigantesque des deux éléments ennemis et semblaient ne pas s'être aperçus de la chute du jour. A vrai dire, la lumière répandue par le volcan était plus intense et plus vive que la lumière solaire de ces régions glacées.

Cependant M. Jules Rousset et sir William Seedling, montés sur le second bateau que commandait le quartier-maître Otto, semblaient seuls distraits au milieu de ces merveilles. Leurs regards s'étendaient en vain sur tous les points de l'horizon éclairés par les fantastiques lueurs, et nulle part ils ne découvraient ce qu'ils cherchaient avec tant d'ardeur.

— Je ressens une inquiétude mortelle, dit enfin à voix basse à son ami le naturaliste anglais.

— Comme moi, vous êtes inquiet de leur sort ? demanda M. Jules Rousset.

— Je suis inquiet du sort d'Alexis Polowskine, répondit l'Anglais en mettant dans ses paroles une certaine amertume.

Le naturaliste français, qui aimait sincèrement son ami d'enfance, Henri, se sentit intérieurement blessé par l'espèce d'ostracisme dont sir Seedling semblait vouloir l'envelopper.

— Le sort de mon ami Ledru vous est-il donc indifférent ? demanda-t-il à son compagnon.

— Si ce que je crois existe, murmura sir William sans daigner s'expliquer davantage, je voudrais que le chasseur fût englouti à jamais dans la fournaise du Beerenberg.

M. Jules Rousset ne répondit pas et resta quelques instants silencieux, comme s'il était sous le poids d'une pensée douloureuse.

— Camarade Otto, dit-il enfin, j'ai le plus pressant besoin de parler au lieutenant Mac-Lead. Voulez-vous gouverner notre bateau de façon à nous amener près du sien ?

— Rien de plus facile, répondit le quartier-maître.

— Sur un signe de lui, les deux rameurs se mirent à nager avec ardeur, et, quelques instants après, le jeune Français pouvait s'entretenir avec le commandant de la petite expédition.

— Je viens de constater, non sans la plus vive inquiétude, dit-il, que nos deux camarades et leurs kayaks ne nous ont pas encore rejoints. Ne pensez-vous pas comme moi qu'il serait temps d'aller à leur recherche ? Qui sait quel malheur peut leur être survenu ?

— Diable ! diable ! dit le lieutenant ; c'est, en effet, on ne peut plus grave. Ma responsabilité est engagée. A l'œuvre donc et sans retard !

Tous les bateaux, hélés successivement, reçurent l'ordre de prendre une direction différente et de rechercher les deux chasseurs égarés. Rendez-vous général fut donné dans la crique de la falaise, au point de départ de la flottille. Ce fut dans cette direction que fut envoyé le bateau commandé par Otto et monté par les deux naturalistes.

CHAPITRE XVI

AU FOND DU CRATÈRE.

Alexis Polowskine et Henri Ledru, montés sur leurs fragiles kayaks, s'étaient séparés sans bruit des traîneaux-barques sur lesquels les autres membres de l'exploration étaient allés contempler le splendide spectacle que leur offrait le volcan en ignition. Ils se rapprochèrent de la falaise, et, suivant à longueur de rame les côtes de l'île de Jean-Mayen, ils s'avancèrent vers le cap du nord-est qu'ils doublèrent sans difficulté. Ils entrèrent alors en pleine lumière dans les flots agités par l'invasion subite des laves incandescentes. La précaution qu'ils prirent de continuer à longer la terre au plus près devait empêcher d'ailleurs complètement leurs compagnons de les découvrir, quand bien même ils eussent été assez près pour les avoir dans le rayon de leurs lunettes d'approche.

De ce côté de l'île, les abords de la côte devenaient plus faciles en raison des pentes adoucies formées par des torrents de laves durcies, vomies par le volcan dans des éruptions antérieures. Ils rencontrèrent une petite anse qui ne communiquait avec la mer que par un goulet trop étroit pour livrer passage même à des barques de petite dimension : ils y pénétrèrent aisément avec leurs étroits esquifs qu'ils attachèrent solidement à un bloc de lave durcie, puis ils retirèrent du fond de leurs microscopiques embarcations les armes et les objets qu'ils y avaient déposés et ils sautèrent légèrement à terre.

Comme deux lycéens qui font une équipée coupable, ils s'avançaient en silence le long des flancs escarpés de cette côte volcanique, éclairés par la rouge lueur de l'aigrette flamboyante qui s'échappait du cratère. Pour ces deux êtres vigoureux, pleins d'enthousiasme et de volonté, les obstacles semblaient s'effacer : tantôt ils se laissaient glisser au fond d'immenses fissures aux arêtes coupantes et dont ils n'apercevaient pas la profondeur, tantôt, à l'aide de leurs mains et de leurs pieds, ils escaladaient des murailles de roche lavique et en atteignaient le sommet, malgré l'embarras que leur causaient leur fusil passé en bandoulière et les valises qu'ils portaient retenues à l'aide de courroies enroulées autour de l'épaule.

Bientôt ils atteignirent une sorte de plate-forme placée à mi-hauteur du volcan et ils s'assirent sur l'épais lit de cendres qui en formait le sol. De là ils pouvaient contempler la lutte titanesque engagée entre le fleuve de feu descendant du cratère à quelques centaines de mètres d'eux et l'élément liquide se boursouflant en lames colossales sous les étreintes brûlantes de la matière ignée. Quand ils eurent quelques instants promené leurs regards émerveillés sur cette scène surhumaine, ils se regardèrent et leurs mains se rencontrèrent dans une étreinte.

— Quand on a vu de pareilles splendeurs, dit enfin le jeune Russe, quel spectacle peut être capable d'émouvoir ? Il me semble, ami, qu'en un tel moment la mort survenant me serait douce et que toutes les sources de curiosité de mon être sont taries.

— Pour moi, reprit le chasseur d'une voix caressante et profondément émue, je suis si heureux que je ne puis même pas songer à autre chose ; les mots de vie et de mort ne sauraient représenter une idée à mon esprit ; je suis là, près de vous ; je vois la mer frémissante réunir toutes ses forces pour combattre et repousser son ennemi qui vient l'attaquer jusque dans ses entrailles ; je vois ces nuages de vapeur blanche qui s'élancent jusqu'au ciel ; j'entends en haut le tonnerre du volcan et en bas le grincement de la mer au contact des laves brûlantes... et je ne pense qu'à une chose, c'est que je suis seul avec mon ami, avec mon sauveur, avec celui pour lequel je serais mille fois heureux de mourir !

— Pourquoi, dit Alexis d'un ton de doux reproche, m'appelez-vous votre sauveur, quand c'est moi qui vous dois la vie et quand

De là, ils pouvaient contempler la lutte titanesque.

deux fois vous vous êtes précipité à une mort certaine pour sauver mes jours ? Appelez-moi votre ami ; ce mot, si vous le comprenez comme je le sens moi-même, est assez grand pour remplir une âme tout entière ; il ne laisse en moi aucune place même pour la reconnaissance. Je vous aime, aimez-moi ; cela ne veut-il pas dire : Voilà ma vie, prenez-la, si cela vous plaît, disposez de moi comme de vous ? Nous sommes deux hommes et un seul cœur ; vous absent, je ne saurais vivre.

En disant ces mots, Alexis semblait comme transfiguré ; son visage, vivement éclairé par les lueurs infernales sortant du volcan, paraissait enveloppé d'une flamme divine semblable au nimbe doré dont les vieux peintres ceignaient la figure sereine des bienheureux. Il se leva.

— Allons ! dit-il comme pour faire trêve à son enthousiasme, j'ai juré de visiter le cratère et nous irons jusqu'au bout. Qu'en pensez-vous, mon cher Henri ?

— Je pense, reprit le chasseur en souriant, que je suis prêt à vous suivre partout où il vous plaira ; d'aller au ciel ou dans les enfers ; nous irons au bord du cratère, si vous voulez : Henri Ledru suivra Alexis Polowskine jusque dans la mort.

— Partons donc ! s'écria joyeusement le jeune Russe.

Et bientôt ils reprirent leur périlleuse ascension.

A mesure qu'ils arrivaient plus haut, les pentes devenaient plus rapides ; mais néanmoins la marche était moins difficile, parce que les crevasses et les fentes devenaient de plus en plus rares. Cependant, quand ils eurent atteint les deux tiers de leur course, ils s'aperçurent que le sol de cendres et de scories sur lequel ils s'avançaient devenait brûlant ; quelques minces coulées de lave liquide formaient sur la déclivité, tout à l'entour de leurs pas, des sortes de serpents de feu, aux reflets rougeâtres, et s'avançaient avec une lenteur de reptile le long des fissures qu'elles creusaient dans le sol mouvant. Les deux hardis excursionnistes comprirent que l'ascension deviendrait bientôt impossible s'ils persistaient à la continuer dans ce sens, et, profitant d'une sorte d'esplanade, ils se mirent à contourner le mont, de façon à en tenter l'escalade par la pente opposée à celle par où s'écoulaient les laves éruptives.

Ils ne tardèrent pas à s'assurer de la sagesse de cette résolution, car dès qu'ils eurent ainsi parcouru cinq ou six cents mètres, ils arrivèrent sur un sol solide et qui offrait pour gravir le sommet une sorte de chemin large et commode, formant des lacets compliqués, mais permettant d'atteindre sans fatigue le point culminant du mont.

Néanmoins, au fur et à mesure qu'ils approchaient du cratère, de nouveaux dangers les menaçaient. Dans l'immense gerbe lumineuse qui s'élançait du volcan, ils apercevaient distinctement d'énormes masses d'un blanc intense, qui, en s'élevant plus haut, devenaient roses, puis rouge cerise, et qui retombaient en cascades d'un brun sombre formant dans leur chute ce formidable bruit d'artillerie qui les avait frappés tout d'abord.

C'étaient des blocs de roche arrachés des entrailles de la terre par le torrent d'éruption, chauffés à blanc par les gaz incandescents et entraînés dans leur vertigineux élan vers le ciel. Ces masses ignées se refroidissaient en montant dans les airs et retombaient avec fracas, soit sur les pentes de la montagne, soit dans l'intérieur même du cratère, où un nouveau paroxysme ne tardait pas à venir les reprendre et les entraîner encore au milieu d'un nouveau jet de roches fondues et de liquides en feu.

La crainte de se trouver placés sous la chute ou dans le passage d'une de ces masses ardentes, entraînées par leur poids, le long des pentes rapides, avec une vitesse vertigineuse, n'arrêta pas un seul instant les deux amis. Ils ne tardèrent pas d'ailleurs à s'assurer que, pour une raison qu'ils ne pouvaient déterminer encore, aucun de ces projectiles énormes ne se dirigeait de leur côté, de même qu'aucune coulée de lave bouillante ne descendait le long de la pente qu'ils suivaient. Ils atteignirent donc le sommet du mont et se trouvèrent enfin sur les bords extérieurs du cratère ; ils purent alors plonger leurs regards dans la bouche du volcan à plus de cent cinquante mètres au-dessous d'eux.

Pour observer plus aisément le spectacle inimaginable qui s'offrait à leurs yeux, ils choisirent un point qui leur sembla particulièrement favorable ; c'était, dans une masse de lave refroidie, une sorte de couloir s'avançant jusqu'au dessus de l'abîme et offrant un passage à claire-voie par lequel, dans une des éruptions anciennes, la matière ignée en fusion avait dû se creuser un passage. Quand ils eurent atteint l'extrémité de ce boyau et qu'ils purent regarder au-dessous d'eux, ils remarquèrent qu'ils étaient dans une situation d'autant plus propre à l'observation que la masse entière de laves refroidies sur laquelle ils se trouvaient était placée en surplomb sur l'abîme, où elle formait une sorte de balcon.

Au fond du cratère, parmi de noirs rochers chaotiques, vivement éclairés, ils aperçurent deux ouvertures. La plus grande, placée au-dessus d'eux, semblait vide et s'enfonçait si profondément dans les entrailles du sol qu'on ne pouvait en voir le fond. Elle ne présentait d'ailleurs aucune particularité remarquable, si ce n'est que, à de courts intervalles, il s'en échappait un jet puissant de vapeurs rugissantes. Ces colonnes, éclairées de reflets rouges, jaunes et bleuâtres, s'élançaient vers le ciel en formant un faisceau compact et passaient à 30 ou 40 mètres à peine des deux observateurs, sans faire naître en eux à leur passage d'autre sensation que celle d'une chaleur assez intense. Les bords de cette portion du cratère étaient composés d'une sorte de série de cylindres superposés allant en s'élargissant et dont l'ensemble formait une ouverture conique.

De l'autre côté du cratère s'ouvrait une seconde bouche beaucoup plus petite, large de 20 mètres seulement et où se produisait actuellement l'éruption tout entière. Là les deux jeunes gens aperçurent une masse de roches en fusion, projetant une vive lueur comparable à celle du fer fondu, s'élevant et retombant à des intervalles d'environ dix minutes. A hauteur même de cette ouverture s'ouvrait dans le flanc de la montagne une sorte de grotte profonde, dans laquelle s'engouffraient les laves incandescentes qui, sans doute, atteignaient ainsi les flancs du volcan et descendaient dans la mer en formant une cascade de feu.

Lorsque la masse ignée atteignait le bord du soupirail, elle se gonflait ; une partie s'engageait dans l'ouverture qui lui offrait une issue ; le reste continuait à s'élever, puis se crevait et vomissait une énorme bouffée de vapeur brûlante. Cette explosion, morcelant la surface du bain liquide, formait des milliers de fragments qu'elle lançait à quelques centaines de mètres par-dessus les bords du cratère au milieu d'une colonne lumineuse et persistante de gaz enflammés, et qui retombaient tout à l'entour en pluie de feu. Après chaque explosion, la lave se retirait en silence à l'intérieur du gouffre, d'où elle remontait bientôt bouillonnante et mugissante, pour se gonfler, fournir son contingent à la cascade de feu et éclater de nouveau sous l'effort des fluides élastiques enfermés dans ses flancs.

Les deux jeunes gens contemplaient, dans un indicible ravissement, au milieu de ce jet incessant de gaz enflammés et de scories étincelantes, ces sortes de respirations géantes de la lave liquide, quand tout à coup Henri Ledru saisit le bras de son ami.

— Avez-vous senti ? dit-il en pâlissant.

— Parfaitement, reprit Alexis sans montrer la plus légère émotion. C'est un tremblement de terre.

Et, en effet, le sommet tout entier du Beerenberg venait de subir une commotion étrange, assez semblable au roulis d'un navire secoué par la tempête.

— Fuyons ! fuyons ! s'écria le chasseur, s'efforçant d'entraîner son compagnon ; nous allons être engloutis !

— Il n'est plus temps, dit Alexis toujours souriant et restant immobile ; vous voyez bien que le bloc de lave sur lequel nous sommes glisse lentement et s'affaisse. A moins d'avoir des ailes, il est impossible de sortir d'ici.

Henri Ledru se retourna et il s'aperçut avec stupéfaction que son camarade avait dit vrai et que déjà plus de 50 mètres les séparaient du sommet du cratère.

— Ah ! cette fois, nous sommes perdus, s'écria-t-il.

Puis, voyant Alexis toujours souriant :

— Qui donc êtes-vous, murmura-t-il avec effroi, vous qu'une pareille catastrophe laisse insensible ?

— Soyez donc calme, ami, dit le jeune Russe. Pour un peu, vous feriez comme le matelot Smitt et vous me prendriez pour le diable en personne.

Cependant le mouvement de descente imprimé à l'immense bloc de lave s'était arrêté ; la masse détachée de la crête du cratère était venue s'asseoir solidement sur la première de ces sortes de terrasses concentriques qui formaient l'intérieur de la bouche conique souterraine.

— Faites comme moi, dit Alexis.

Se haussant alors sur les pieds, il saisit avec ses doigts les bords supérieurs de la fissure qui leur avait servi d'observatoire, et à force de bras arriva sur la plate-forme qui formait auparavant le point culminant du volcan. Henri Ledru, en deux bonds, fut bientôt debout près de lui. Plus de dix mètres les séparaient maintenant du sol, et la muraille le long de laquelle ils avaient glissé sans secousse se dressait devant eux droite et lisse comme une glace.

— Vous voyez comme moi, mon cher Henri, que tout espoir nous est dorénavant interdit. Vous me disiez, il y a quelques heures encore, que vous seriez heureux de mourir en ma société. Voilà le moment de me prouver que vous savez tenir vos promesses.

— Vous me connaissez mal, reprit le chasseur avec dignité, si, dans les craintes que j'ai manifestées, vous avez pensé qu'il y avait en moi la moindre terreur de la mort. Je n'ai songé qu'à vous, Monsieur, à vous riche, heureux, aimé par tous et qui allez trouver ici toutes les horreurs d'une lente agonie. Pour moi, je vous l'ai dit et je vous le répète, je suis près de vous, cela suffit à mon bonheur.

Alexis resta quelques instants silencieux et plongé dans une réflexion profonde, que son compagnon crut convenable de respecter.

Après quelques minutes de silence :

— Regretterez-vous quelque chose sur cette terre ? demanda le Russe à Henri Ledru.

— Rien, que de n'avoir pas prévu cette catastrophe qui va vous coûter la vie, rien, que de ne pouvoir mourir seul en vous sauvant l'existence.

— Hé bien ! ami, reprit Alexis d'une voix douce et résignée, moi, je suis presque heureux de ce dénouement. J'avais un secret qui me pèse, et ce secret, la mort inévitable qui nous étreint me permet de vous le dire.

Henri Ledru sourit à son tour.

— Gardez votre secret, Mademoiselle, dit-il ; car bien malgré moi il est devenu mien, le jour où j'ai eu le bonheur de vous arracher des griffes de l'ourse, sur l'iceberg.

— Je me doutais que vous connaissiez mon véritable sexe, reprit Alexis ou plutôt Mirrine de Kolikof. Que dis-je ? j'étais sûre que vous le saviez ; permettez-moi d'abord de vous remercier et de vous serrer la main pour vous témoigner ma reconnaissance de l'admirable discrétion que vous avez apportée en tout ceci. Mais ce n'est pas là tout ce que j'avais à vous dire. N'avez-vous pas, vous aussi, monsieur Henri Ledru, un secret que vous auriez laissé mourir au fond de votre cœur, plutôt que de le révéler à qui que ce soit au monde ?

A cette demande si nette et si imprévue, Henri se sentit pâlir; ses jambes se dérobèrent sous lui ; il tomba à genoux devant la jeune fille et, croisant les mains dans la forme de la prière :

— De grâce ! Mademoiselle, épargnez-moi, pardonnez-moi !

— Que vous pardonnerai-je ? reprit la jeune fille de sa voix la plus caressante. Un sentiment que vous avez su cacher à tous, que vous tentiez de vous cacher à vous-même, que moi seule j'ai su découvrir? Monsieur Ledru, vous aimez Mlle Mirrine de Kolikof.

— De grâce ! Mademoiselle, soyez généreuse, ayez pitié de moi ! murmura le pauvre chasseur qui n'osait lever les yeux.

— Répondez-moi, reprit la jeune Russe avec autorité. Je vous en prie au nom de cette amitié si dévouée qu'aujourd'hui même vous juriez à Alexis Polowskine.

Le Français n'avait point quitté son humble posture ; il se traîna aux pieds de la jeune fille ; sa voix arrêtée dans sa gorge refusait de formuler le moindre son ; enfin, après des efforts inouïs, il put faire entendre ce mot :

— Hélas ! oui, je vous aime !

— Je vous répète, reprit Mirrine, que cet amour n'a rien qui puisse m'offenser. Vous êtes un homme vaillant, intrépide, comme j'aurais désiré trouver un mari parmi mes égaux. Vous êtes le dévouement, la fidélité incarnée. Deux fois vous avez sans hésitation jeté votre vie au vent pour sauver la mienne. C'est plus qu'il n'en faut pour qu'une femme, quelle qu'elle soit,

soit heureuse d'avoir un semblable mari ou tout au moins flattée d'avoir inspiré de l'affection à un tel homme. Mais tout cela me laisserait insensible, je l'avoue, si d'autres faits que j'ai appris n'étaient venus compléter le charme. Monsieur Ledru, je sais pourquoi votre esprit indépendant s'est plié aux dures exigences de l'étude ; je sais pourquoi vous avez voulu vous instruire. Je connais votre secret, et je ne suis point seule à le savoir. Mon père, pour qui je n'ai rien de caché, parce que je n'ai trouvé chez lui que d'inépuisables trésors d'amour, mon père que seul je regrette en ce monde, mais qui ne tardera pas à venir nous rejoindre dans l'éternité, mon père sait que vous m'aimez ; il sait qu'au fond de votre cœur, vous conserviez profondément cachée l'espérance qu'un jour vous seriez l'égal de Mirrine par l'instruction comme vous êtes son maître par l'intrépidité, et, si nous n'étions pas ici condamnés à mort, Mirrine serait allée vous prendre par la main, vous conduire à son vieux père et lui dire: Bénissez-nous, car je l'aime.

Ledru, en entendant ces mots, se dressa tout d'une pièce comme un cadavre soumis à l'action d'une pile voltaïque.

— Vous m'aimez, avez-vous dit ?

— Oui, mon ami, mon fiancé ; mourons la main dans la main, puisque le ciel n'a pas permis que nous vivions ensemble.

— Vous m'aimez et vous me parlez de mourir ! s'écria Ledru au comble de l'exaltation. Non ! non ! mille fois non, nous ne mourrons pas ! Je ne le veux pas, je m'y oppose. Et je vous sortirai d'ici, dussé-je percer cette montagne avec mes ongles.

CHAPITRE XVII

INUTILES RECHERCHES.

Sir William Seedling et Jules Rousset, dès qu'ils eurent pris le large et furent assez éloignés du restant de la flottille, qui elle-même s'était dispersée dans diverses directions, se consultèrent et formèrent une sorte de plan de campagne.

— Il me paraît certain, dit Jules Rousset, employant la langue française pour n'être pas compris par les hommes de l'équipage, que nos deux jeunes étourdis ont voulu aller explorer de près le volcan ; c'est en nous rapprochant de l'île que nous aurons quelques chances de retrouver leurs traces.

— Pensez-vous, reprit le naturaliste anglais, qu'ils aient tenté, avec leurs fragiles kayaks, de s'aventurer sur les flots bouillonnants de la mer, au point dangereux où la lave enflammée pénètre dans la masse des eaux ?

— Je penche plutôt à croire qu'ils ont cherché un point favorable à un débarquement et qu'ils ont tenté l'ascension de la montagne. Hier encore j'entendais Alexis Polowskine répéter que nous serions tous déshonorés si nous ne rapportions pas au *Pôle-Nord* des observations précises sur cette éruption et sur le régime du Beerenberg.

— Suivons donc avec la plus grande attention la côte de l'île en nous rapprochant du pic incandescent, et observons la rive. Dès que nous pourrons le faire, débarquons à notre tour et mettons-nous à la recherche de ces braves jeunes gens. Je ne vous cache pas que, malgré quelques restrictions que je fais à l'égard du chasseur et qui sont plus fortes que ma volonté, je suis à leur sujet dans la plus grande inquiétude. Qui sait si, voulant approcher de ces lames furieuses dont la crête s'élève jusqu'au ciel et donne naissance à des nuages de vapeur, ils n'ont pas été engloutis tous les deux ?

— J'ai plus de confiance, dit M. Jules Rousset, en leur prudence et en leur sang-froid. Je les ai attentivement regardés quand, montés sur leurs légers esquifs, ils arrivaient à toutes rames nous prévenir du spectacle qui allait frapper nos regards : tous deux m'ont paru aussi sûrs de leur kayak que s'ils avaient été de véritables Esquimaux ; je crains pour eux, je l'avoue, plutôt des dangers terrestres qu'un désastre maritime.

Pendant que les deux savants échangeaient ainsi leurs pensées, leur barque s'était tout à fait rapprochée du rivage et s'avançait le long de la côte nord de l'île. Les voyageurs remarquèrent avec une vive satisfaction que, sur cette ligne du rivage, les pentes adoucies, succédant aux falaises inabordables, leur permettraient sans doute un facile débarquement. Ils passèrent néanmoins sans s'y arrêter devant la petite anse où Alexis Polowskine et Henri Ledru avaient introduit leurs minces batelets ; la passe qu'ils avaient suivie pour y pénétrer était si étroite qu'elle ne fut pas même remarquée par les navigateurs qui continuaient leur route vers l'ouest.

Chaque coup de rame les rapprochait davantage de cette partie de la mer que l'engloutissement des lames soumettait à une éternelle et incessante révolution. Le matelot, placé à la barre du gouvernail, fit décrire tout à coup au gouvernail un demi-tour qui changea subitement la marche du bateau.

— Voyez ! s'écria-t-il, la terreur dans les yeux, en désignant de la main le point de la côte dont il venait de s'éloigner.

Et les deux savants découvrirent, à la lueur d'incendie qui tombait du volcan, que les flots agités balançaient sur leurs crêtes écumantes un nombre immense de poissons de toute forme et de toute dimension. Des torrents d'eau chaude avaient sans doute surpris ces animaux, et leurs cadavres se livraient à une danse infernale au-dessus des flots agités.

M. Jules Rousset se pencha sur le bordage de la barque, allongea le bras et enfonça dans l'eau sa main qu'il retira vivement.

— Nous sommes sur de l'eau bouillante ! s'écria-t-il.

Le bateau, sur l'ordre de son commandant, fit une nouvelle
volte et, sans s'éloigner du rivage, revint vers la pointe nord-est
de l'île. Avant d'atteindre ce point, sir William Seedling, qui
observait la côte avec un redoublement d'attention, remarqua
une sorte de plage à fleur d'eau et pria les rameurs de s'appro-

Les cadavres se livraient à une danse infernale.

cher de ce point sur lequel il débarqua avec son collègue. Le
bateau et les matelots qui le guidaient s'abritèrent de leur
mieux dans un des angles rentrants de cette sorte de promon-
toire. Ils amarrèrent leur embarcation à un quartier de roche et
se disposaient à leur tour à mettre pied à terre, quand M. Jules
Rousset, après s'être consulté quelques instants avec son collègue,
leur dit :

— Nous pensons que, pour le succès de nos recherches, il est préférable que vous restiez ici pendant que nous irons nous-mêmes porter nos investigations sur la terre ferme. Il est possible que ceux que nous cherchons soient restés en mer ; que vos regards ne quittent donc pas l'horizon, afin que nos étourdis ne puissent passer devant vous sans que vous les avertissiez de nos inquiétudes et sans que vous les invitiez à nous attendre ici. De notre côté, nous allons tenter l'ascension de la montagne, et il importe que nous sachions où vous retrouver, dans le cas où votre intervention deviendrait utile. Soyez attentifs au moindre bruit ; en cas de pressant danger, nous tirerons un coup de feu ; et si le son en arrive jusqu'à vous, que deux hommes se détachent et viennent dans notre direction.

Les deux vaillants naturalistes s'éloignèrent et ne tardèrent pas à disparaître aux yeux des matelots restés à bord ; un pli du terrain accidenté était venu, à une distance relativement rapprochée, les envelopper et les dissimuler à tous les yeux.

Ce n'était pas une mince tâche que celle d'aller à la recherche de deux hommes, à la lueur vacillante et indécise de ces flammes volcaniques, à travers un sol bouleversé, dans un pays qu'aucun pied humain n'avait peut-être encore foulé. Le hasard ou la Providence semblèrent tout d'abord vouloir favoriser leurs investigations.

M. Jules Rousset, ne consultant que les angoisses de son âme et le vif désir de découvrir ses amis, voulait prendre la ligne la plus droite pour atteindre le sommet de la montagne et les bords du cratère ; mais son camarade, moins bouillant et plus réfléchi, n'eut pas de peine à lui faire comprendre que de ce côté les pentes de la montagne étaient, en certains points, inabordables, et que les coulées de lave incandescente, qui traçaient sur les déclivités du volcan des sortes de longs serpents de feu, les arrêteraient avant même qu'ils eussent accompli le quart de leur course. On convint qu'il serait plus sage de continuer à contourner la montagne à sa base et de chercher vers le sud un point d'un accès plus facile que n'en présentait la pente tournée au nord.

Après une heure de chemin, au milieu d'obstacles plus ou moins difficiles à franchir, ils se trouvèrent enfin devant cette même coulée de lave refroidie qui, descendant en zigzags du haut du mont, avait offert aux deux chasseurs une sorte de chemin en lacets par lequel ils avaient pu gagner sans trop de peine le sommet du Beerenberg. Bien qu'ils ignorassent ce détail, et qu'aucune trace ne pût leur révéler le récent passage en ces lieux de leurs deux amis, les deux naturalistes comprirent les avantages précieux que leur offrait cette voie et s'y engagèrent sans hésiter.

Leur ascension ne s'accomplit pas pourtant aussi aisément que celle d'Alexis Polowskine et de son compagnon de route.

A peine avaient-ils franchi la moitié de la distance qui les séparait du sommet : ils considéraient attentivement les amas de neige ou de glace, qui couronnaient le volcan sur cette face, quand tout à coup une série de formidables détonations souterraines se firent entendre, et toute la montagne parut comme agitée de violents spasmes. C'était le tremblement de terre qui commençait, et les deux voyageurs terrifiés se hâtèrent de descendre au bas des bords de la coulée solide qui leur servait de route ; celle-ci découverte de toutes parts ne leur aurait offert aucun abri contre la chute des rochers, que la cime ébranlée ne tarderait pas, sans doute, à faire pleuvoir dans toutes les directions ; ils se laissèrent donc glisser au fond d'un étroit et profond ravin. Cette fissure, de celles qu'on appelle des *barrancas* et qui ont été produites soit par des tremblements de terre antérieurs, soit par l'action érosive des eaux descendant pendant les orages du sommet de la montagne, s'en allait en s'élargissant à mesure qu'il s'approchait de la plaine. Ses hautes murailles, rapprochées et formées de diverses assises de roches volcaniques, paraissaient devoir offrir aux deux explorateurs un asile d'autant plus sûr, qu'en un grand nombre de points elles présentaient des espèces de niches qui pénétraient plus ou moins profondément dans le rocher et où le seul danger à courir, peu probable en raison de la dureté et de l'homogénéité de la matière qui les formait, eût été un effondrement général.

Cette sécurité relative ne fut pas de longue durée. Les grondements souterrains et les secousses se succédaient sans répit. Si, d'une part, les deux amis eurent à se féliciter du choix de l'abri qu'ils avaient adopté en voyant des masses de rochers franchir, avec des bonds formidables, l'étroite ouverture supérieure de la crevasse, ils ne sentirent pas sans effroi tressaillir comme un être animé l'énorme muraille granitique contre laquelle ils s'adossaient, et leur terreur arriva à son comble, quand ils virent sous leurs pieds le sol de pierre se tuméfier, puis s'affaisser et se fendre en crevasses plus ou moins larges, d'où s'échappaient de profonds mugissements.

Tout à coup, M. Jules Rousset saisit avec une vigueur surhumaine le bras de son compagnon.

— Suivez-moi, au nom du ciel ! s'écria-t-il.

Et il s'élança, entraînant M. William Seedling vers une terrasse placée à hauteur d'appui, contre laquelle il se hissa en deux bonds et sur laquelle il attira son ami. Celui-ci, sans se rendre compte du danger nouveau qu'il fallait fuir, aidait de toutes ses forces les efforts du jeune Français et se trouva bientôt haletant près de lui.

— Qu'y a-t-il donc encore ? demanda-t-il.

M. Jules Rousset n'eut pas besoin de répondre. Du sommet de la crevasse qui leur servait de refuge descendaient avec une rapidité d'avalanche et un fracas terrible des masses d'eau fangeuse. Sous les efforts des matières ignées cherchant une nouvelle issue, les glaces du sommet du mont s'étaient fondues en un clin d'œil et entraînaient dans leur course affolée les fragments de roches, les cendres amoncelées, le tuf et la lave fracturée. Cette avalanche de boue liquide était horrible à voir.

Bien que placés à sept ou huit mètres au-dessus du point le plus bas du ravin, les deux explorateurs voyaient ces profondeurs s'emplir avec une rapidité épouvantable : s'ils n'eussent trouvé une issue qui leur permît de s'avancer, le long de la muraille rocheuse, à quinze ou vingt mètres plus haut, c'en était fait d'eux et ils périssaient misérablement dans ce torrent fangeux. Heureusement des anfractuosités assez accentuées s'offraient à eux, et de plus, ils constataient que les ébranlements du sol devenaient moins fréquents et moins terribles. La matière incandescente enfermée dans les flancs de la montagne avait-elle trouvé une issue ou se reposait-elle de ses efforts pour se remontrer plus tard dans un nouveau paroxysme ? Toujours est-il que les affreux mugissements qui tout à l'heure s'échappaient par mille bouches improvisées avaient fait place à un sourd bourdonnement, et quand, après mille peines, les deux voyageurs furent parvenus à regagner la coulée de lave qui devait les conduire au sommet du volcan, toute la nature semblait avoir repris ses allures primitives.

M. Rousset fit néanmoins remarquer à son compagnon qu'à droite de la route qu'ils suivaient, une large et profonde crevasse s'était ouverte dans le sol et s'y enfonçait si avant qu'il était impossible à l'œil d'en découvrir le fond. De cette ouverture béante s'échappait une colonne de fumée blanche qui devait être de la vapeur d'eau. De son côté, le panache lumineux qui s'élançait du cratère avait pris des teintes plus vives et inondait la nature entière d'un immense faisceau de lumière blanche.

— Que ferons-nous ? dit le naturaliste français. Croyez-vous que si nos amis se trouvaient sur le sommet du Beerenberg au moment de cette effroyable crise il soit encore temps de leur venir en aide ?

— En avant ! en avant ! répondit sir Seedling avec une ardeur enthousiaste. N'avons-nous pas échappé nous-mêmes au fléau ? Qui vous dit que nous ne soyons pas leur unique moyen de salut ?

Et ils reprirent leur route, avec toute la vitesse que le permettaient leur faiblesse et leur épuisement.

Le tremblement de terre avait duré deux heures; ils en mirent quatre pour atteindre le plateau supérieur. Là, un spectacle aussi désolant qu'épouvantable les attendait. Toute la crête du Beerenberg avait été bouleversée par cette crise souterraine qui avait précipité dans le cratère le chasseur français et son ami Alexis. Ceux-ci, s'ils eussent pu regagner le sommet du mont, n'auraient pu y reconnaître le point où ils y avaient abordé.

Pendant que le bloc de lave qui leur servait d'observatoire s'engloutissait lentement dans les flancs du volcan, celui-ci se creusait à côté une bouche nouvelle. La formidable secousse qui avait ébranlé la montagne jusque dans ses fondements avait fait voler en éclats la partie du plateau sur laquelle ils s'étaient approchés de l'ancien cratère. MM. Jules Rousset et William Seedling s'arrêtèrent épouvantés. Des fluides aériformes s'élançaient violemment, et au milieu d'épouvantables détonations, de la nouvelle bouche qui venait de s'ouvrir. Ils chassaient à des hauteurs incroyables des matières pulvérulentes, des scories et d'énormes blocs de rochers arrachés des profonds soupiraux à travers lesquels ces gaz s'étaient creusé un passage. Des bouffées de vapeur d'un volume prodigieux s'échappaient du cratère improvisé et s'élevaient en une immense colonne qui paraissait formée de nuages moutonnés d'une éclatante blancheur, roulant tumultueusement les uns sur les autres.

Les deux naturalistes restèrent longtemps en contemplation devant cet horrible et admirable spectacle. Les roches chaotiques amoncelées ne laissaient, d'ailleurs, aucun passage qui leur permît de s'approcher de l'ancien cratère dont l'éclatante lueur éclairait, de ses magnifiques reflets, l'immense colonne de vapeurs qui s'élançait jusqu'aux hautes régions, s'échappant de la nouvelle bouche ouverte dans l'atmosphère. Tout à coup le jeune Français poussa un cri.

A ses pieds, à moitié consumé, se trouvait un morceau de bois qu'il ramassa et tendit sans parler à son ami. Celui-ci le prit, y jeta un coup d'œil et laissa échapper un sanglot. Tous deux avaient reconnu le bâton de voyage du chasseur français. La pointe d'acier trempé destinée à faciliter la marche dans les rochers ou sur les cimes des glaciers était encore intacte.

— Les malheureux sont morts, bien morts ! Le doute n'est plus permis.

— Et nous ne pourrons même pas rapporter leurs dépouilles sanglantes ! ajouta le naturaliste français, laissant échapper un torrent de larmes.

Les deux voyageurs tentèrent encore pendant une heure de pénétrer à travers ces amoncellements informes pour y trouver le corps de leurs amis ; mais ils sentirent bientôt que toute espérance était perdue. Les laves d'ailleurs commençaient à se faire jour par toutes les fissures du sol ; on les voyait se tracer une route à travers les pierres entassées et l'on pouvait prévoir que bientôt elles trouveraient leur issue le long des pentes de la montagne et couperaient toute voie de retour. Ils comprirent que rester davantage était s'exposer à une mort aussi certaine qu'inutile. Ils reprirent donc tristement la route qui devait les conduire à leur bateau.

Quand ils y arrivèrent, ils trouvèrent tout le monde plongé dans une grande consternation. Les hommes de l'équipage, quand ils avaient ressenti les secousses du tremblement de terre et qu'ils avaient pu assister de leur barque au spectacle terrible qui venait de se dérouler sous leurs yeux, n'avaient pas douté un instant que les deux savants eussent été engloutis dans le cataclysme. Aussi leur retour inattendu eût-il comblé de joie tous les hommes si, de leur côté, ils n'eussent fait une terrible découverte qui ne leur laissait plus une seule lueur d'espoir de retrouver les deux jeunes chasseurs.

Le quartier-maître Otto, aussitôt après que les savants étaient partis, et longtemps avant les premiers symptômes du tremblement de terre, était allé de son côté, accompagné du matelot Smitt, faire une excursion le long du rivage; il était ainsi arrivé près de la petite anse où le jeune Russe et son compagnon avaient abrité leurs kayaks. La découverte des deux embarcations parut d'abord de bon augure au vieux marin, qui en pronostiqua la découverte assurée des jeunes gens par les deux savants partis à leur recherche. L'épouvantable cataclysme, qui ne tarda pas à surgir, jeta tout le monde dans une consternation profonde, et l'arrivée des deux savants, tout en rassurant l'équipage sur leur sort, le laissa convaincu de la mort des jeunes chasseurs. La triste découverte faite par M. Rousset ne laissa plus aucun doute sur leur tragique fin et l'on délibéra sur ce qu'on ferait relativement aux deux petites embarcations.

Otto, consulté à ce sujet, émit le sage avis que la valeur pécuniaire des kayaks était de trop mince importance pour qu'on perdît un temps précieux à les aller chercher. L'absence d'un homme exercé au maniement de ces minuscules embarcations obligerait de les rapporter par la voie de terre, et ce serait un retard de plusieurs heures qui porterait à son comble l'inquiétude des autres membres de l'expédition.

M. Rousset, de son côté, fit observer que l'on serait toujours à temps, si ses collègues jugeaient la chose nécessaire, de revenir chercher les petites barques esquimaues, et, d'un commun accord, matelots et savants quittèrent le rivage maudit où les deux pauvres jeunes hommes avaient sans doute perdu la vie.

Quand ils arrivèrent au rendez-vous convenu, leur retour fut fêté comme un triomphe ; aucun des bateaux n'avait eu à souffrir de l'éruption dont les efforts s'étaient portés du côté opposé à la mer ; mais on avait craint beaucoup que les deux naturalistes n'eussent été eux-mêmes victimes de ce terrible cataclysme.

La nouvelle de la mort des deux chasseurs si aimés par tous fut le signal d'une désolation générale, et, d'un commun accord, tous les membres de l'expédition décidèrent qu'on rentrerait sans plus tarder au campement des chiens sur la glace, et que de là on regagnerait le navire.

On était arrivé aux derniers jours de l'année. Le soleil ne se montrait plus que pendant quelques instants sur l'horizon, et bientôt il allait disparaître pour ne se laisser voir que trois mois plus tard. La nuit polaire allait commencer.

CHAPITRE XVIII

LA DÉLIVRANCE.

Transporté par l'immense joie que venait de faire naître en lui le doux aveu de Mirrine de Kolikof, Henri Ledru sentit ses forces grandir avec ses espérances. Semblable à un de ces habiles limiers qui parcourent une clairière afin d'y découvrir une piste, il s'élança sur l'espèce de terrasse qui leur servait de refuge et en étudia tous les points avec l'attention d'un chasseur consommé.

Dès le premier coup d'œil, il avait pu s'assurer qu'aucun moyen pratique n'existait de regagner le sommet du mont et d'escalader la muraille de porphyre poli qui se dressait devant eux. Il promena donc ses regards investigateurs tout le long des bords de la masse de lave qui les avait entraînés dans son glissement, et il s'aperçut que la partie du cratère, sur la pente duquel ils restaient suspendus, avait cessé d'envoyer dans les airs les bouffées de vapeur qui avaient d'abord frappé leurs regards

Par une de ces intuitions subites qui frappent les esprits au moment des suprêmes dangers, il se dit que le tremblement de terre qui les avait engloutis avait dû ouvrir aux gaz souterrains une nouvelle issue. D'un autre côté, il constata que, vers la droite de la corniche où ils étaient comme échoués, la voie, pour descendre sur la terrasse inférieure, n'était pas impossible à suivre pour un chasseur de chamois aussi aguerri que lui. Il revint vers la jeune Russe et, la prenant par la main, il la conduisit sur les bords de l'abîme.

— Pourrez-vous me suivre, dit-il, dans les profondeurs de ce gouffre ? Je sens que là seulement nous pourrons trouver une chance de salut et une issue pour sortir de cet enfer.

Mirrine sourit.

— Votre code, dit-elle, comme le nôtre, condamne la femme à suivre son mari partout où il lui plaît de la conduire. J'irai donc partout où il vous semblera bon d'aller, et je vous accompagnerai, pour peu que cela semble vous être agréable, jusque dans les entrailles de la terre.

— Je regrette, dit Henri, d'avoir laissé sur le sommet de la montagne mon bâton de voyage, qui m'eût été d'un grand secours; mais vous avez heureusement conservé le vôtre, et pour moi, je me sens le cœur si rempli de joie et d'espérance que la descente que nous allons accomplir me semblera un jeu.

En disant ces mots, il se laissa glisser le long du bloc lavique, se retenant des pieds et des mains à des anfractuosités presque imperceptibles à l'œil. Mirrine le suivit et déploya dans cette tentative surhumaine une force et une adresse qui surprirent le chasseur lui-même.

En moins de quelques minutes, ils avaient atteint la seconde assise de roche volcanique qui formait comme une enceinte concentrique à la première. Ils firent quelques pas en avant, mais de nouveaux obstacles vinrent arrêter leur marche. Leurs pieds enfonçaient dans le sol composé de cendres amoncelées, et ils purent craindre un instant d'être engloutis dans ce terrain mouvant. Henri Ledru pria sa compagne de l'attendre.

— Je ne connais guère, dit-il, que par les lectures que vous m'avez fait faire, la façon dont sont conformés les volcans; mais, autant qu'il m'en souvienne, il n'est pas rare de rencontrer dans ces bouches ouvertes aux feux intérieurs du globe des fissures produites par des éruptions antérieures. Là est notre unique chance de salut, si toutefois nous avons le droit de conserver quelque espérance. Rappelez-vous, Mademoiselle, ce que vous m'avez dit si souvent, et qui est devenu la règle de ma conduite : les êtres courageux ont le devoir de lutter jusqu'aux derniers instants de leur existence. Si nous devons succomber ici, que nous ayons au moins la consolation suprême de n'avoir rien négligé pour défendre notre vie.

— Je suis d'autant plus disposée, reprit la vaillante fille, à accepter la lutte qui nous est offerte que nous ne sommes pas

sans ressources; souvenez-vous, ami, que nous avons des vivres
pour plusieurs jours. Nos compagnons nous cherchent sans doute.
Si quelque indice pouvait leur révéler le lieu où nous nous trouvons, il leur serait aisé de venir à notre aide et, malgré les cent
mètres qui nous séparent du sommet de Beerenberg, grâce à des

Bientôt la galerie s'agrandit.

cordes qu'ils pourraient nous lancer, nous parviendrons certainement à les rejoindre. Quant à votre espérance de trouver une
autre issue, je suis loin de la repousser. J'ai vu plusieurs volcans
dans mes voyages antérieurs ; partout j'ai constaté que les masses
brûlantes qui les ont formés ont causé, par le retrait qu'elles
ont subi par suite du refroidissement, d'immenses fissures et des
cavernes qui donnent, pendant un certain temps, passage à la

lave brûlante, et par lesquelles, quand la lave est devenue solide, il n'est pas impossible de s'échapper d'un cratère. Allez donc, ami, mais soyez prudent et songez que votre Mirrine vous attend.

Henri Ledru partit en avant avec la rapidité d'une flèche. Bientôt il disparut aux yeux de son amie qui l'attendait avec autant de calme que s'ils se fussent trouvés dans un salon à Saint-Pétersbourg. Son absence dura plus d'une heure. Quand il revint, ses vêtements de fourrure étaient souillés de boue.

Il s'assit, prit sa sacoche et en retira deux biscuits, en donna un à sa compagne.

— Mangeons, d'abord, dit-il ; il importe que nous reprenions des forces.

Mirrine, sans répondre, rompit le dur morceau qui lui était présenté et y mordit à belles dents. Quand ils eurent achevé ce repas de cénobite, la jeune fille tendit à son tour à son ami une petite gourde qu'elle portait suspendue au cou, et chacun but une gorgée d'un vin généreux.

— Dites-moi maintenant ce que vous avez vu, dit la jeune fille.

— Là, derrière ce rocher qui s'avance, reprit Ledru, s'ouvre une sorte de caverne dont l'entrée ressemble à la gueule d'un four. Je m'y suis aventuré en m'éclairant de cette bougie, mais je n'ai pas cru devoir poursuivre jusqu'au bout mes investigations, de peur que, la lumière venant à nous manquer, cette incertaine voie de salut nous fît aussi défaut. Je viens vous chercher, mademoiselle Mirrine, et vous prier de tenter avec moi cette chance suprême.

— Partons ! répondit la courageuse fille.

L'entrée de la grotte était, comme l'avait dit le chasseur, si basse qu'on ne pouvait y pénétrer qu'en rampant. Toute marche en avant eût été impossible sans lumière, car les ténèbres y étaient profondes. Bientôt la galerie s'agrandit, et les deux jeunes aventuriers purent s'y tenir debout. Ils marchaient à grands pas, car la bougie que tenait Ledru continuait à se consumer et menaçait de s'éteindre dans un temps assez rapproché. Mirrine comprit que l'absence de lumière était la perspective qui effrayait le plus son ami.

Elle retira de l'élégante sacoche qui pendait à ses côtés une bougie toute neuve et dit en riant :

— Pensez-vous donc, mon ami, avoir le monopole des précautions ? Moi aussi, j'ai pensé que, dans cet empire de la nuit, que nous désirions visiter, nous pourrions avoir besoin de lumière.

— Alors, reprit Ledru, je commence à espérer que nous sortirons d'ici.

Il se baissa et fit remarquer à sa compagne que le sol sur lequel ils marchaient se composait de couches superposées de laves et suivait une pente assez rapide.

— Ces laves, lui dit-il, parties du cratère, ont trouvé par ici un écoulement, et nous avons toute espèce de droit de penser qu'elles nous conduiront à une issue extérieure, car, s'il en était autrement, elles n'auraient point tardé à s'amonceler et à combler ces galeries souterraines.

Mirrine s'arrêta.

— Mon ami, dit-elle, je pense comme vous que nous allons échapper à la mort qui nous menaçait et, dois-je vous l'avouer ? c'est presque avec chagrin que je renonce à périr ici avec vous. Si je n'avais prévu une impossibilité absolue de nous échapper, jamais mon secret ne serait sorti de mes lèvres.

— Mademoiselle, reprit Ledru d'un ton de voix solennel, que les paroles que vous avez prononcées soient à jamais oubliées entre nous, puisque vous regrettez de les avoir dites. Pour moi, à partir de cet instant, je vous le jure sur vous-même, c'est-à-dire sur ce que j'aime le mieux au monde, j'oublie pour toujours Mirrine de Kolikof et je ne vois plus en vous qu'Alexis Polowskine. L'instant fugitif de bonheur que vous m'avez donné suffira pour remplir ma vie tout entière, et vous connaîtriez mal Henri Ledru si vous le jugiez capable d'abuser d'un secret qu'il a surpris dans un instant de mortelles angoisses.

Mirrine tendit sa main au chasseur.

— J'accepte votre dévouement, dit-elle, et j'ai en vous une foi aveugle. Comptez sur la double parole de Mirrine et d'Alexis pour vous récompenser un jour de votre abnégation.

Ils avancèrent encore pendant quelques instants, puis ils

arrivèrent devant une sorte de lac boueux où Ledru entra hardiment, enfonçant jusqu'à la ceinture.

— Arrêtez, dit sa compagne ; je crains de vous voir vous engloutir.

— Je ne cours aucun danger, reprit le chasseur en lui faisant signe de le suivre ; j'ai franchi déjà cet obstacle et je ne vous laisserais point vous y aventurer si je n'avais la certitude qu'il ne présente aucun danger sérieux.

Cette route, dans ce marécage formé d'un mélange de cendres et d'eau, dura plus d'un quart d'heure. La bougie de Ledru s'était éteinte ; Mirrine alluma la sienne à son tour. Quand ils furent parvenus au delà de cette boue liquide, le sol se raffermit et présenta de nouveau une surface lisse, formée par l'écoulement des laves. La pente devenait de plus en plus sensible et, malgré l'élévation des murailles rocheuses de la caverne, les deux voyageurs sentaient comme une sorte d'oppression et de difficulté de respirer. Ils n'en continuaient pas moins à marcher d'un pas hâtif, quand, tout à coup, Mirrine poussa un cri de joie: une bouffée d'air froid, remplaçant l'atmosphère épaisse du conduit souterrain, était venue la frapper à la face.

— Monsieur Alexis, dit le chasseur, cette fois nous sommes sauvés, car je viens d'apercevoir une lueur fauve qui ne peut être que le produit de l'éruption volcanique et qui nous prouve que nous arrivons enfin au bout de ce funèbre couloir.

Cinq minutes après, en effet, les deux jeunes gens, respirant à pleins poumons, se trouvaient à l'air libre et reconnaissaient, avec un ineffable plaisir, à leur droite, la grande coulée de lave refroidie par laquelle ils avaient accompli leur ascension.

Après s'être reposés quelques instants, ils descendirent au bas du mont et ne tardèrent pas à rejoindre la petite anse dans laquelle ils avaient laissé leurs kayaks. Remonter sur leurs frêles esquifs fut l'affaire de quelques instants. Quand, à force de rames, ils arrivèrent au bord des glaces, au point fixé comme rendez-vous pour la flottille, ils constatèrent, non sans étonnement, que leurs camarades ne les avaient point attendus et avaient déjà rejoint le campement. Ils se hâtèrent de débarquer, amarrèrent leurs embarcations à la rive et, hâtant le pas, ils se dirigèrent du côté où ils espéraient rencontrer l'expédition.

La tente, les traîneaux, les chiens, les hommes, tout avait disparu.

— Ami, dit celui que Ledru s'était engagé à ne plus appeler qu'Alexis, comprenez-vous cette fuite soudaine ? Comment vous expliquez-vous que nos compagnons se soient décidés à quitter ces lieux si vite sans nous chercher ?

— Ce départ, reprit le chasseur, cache un mystère dont nous aurons le mot bientôt, dussions-nous pour cela attendre notre arrivée au *Pôle-Nord*. Je connais trop mon compagnon d'enfance, M. Jules Rousset, et j'ai trop de confiance en notre ami M. Seedling, pour n'être pas certain qu'ils ont fait tout ce qu'il était humainement possible de faire dans le but de nous venir en aide. Après tout, ajouta-t-il en souriant, le départ de la caravane n'est qu'un mince accident, si nous le comparons aux dangers auxquels nous venons d'échapper. Qu'est-ce que trente ou trente-cinq milles à parcourir pour rejoindre le navire ? Les vivres qui nous restent suffiront amplement pour nous permettre d'accomplir ce voyage.

— Partons donc et maintenons-nous le plus près possible des falaises, de peur de nous égarer, dit Alexis. La lumière du volcan ne tardera pas à disparaître et il n'est pas toujours aisé de s'avancer par une nuit obscure sur une immense plaine de glace où rien ne peut servir de point de repère.

— Pardonnez-moi, ami, dit Ledru ; à quoi me serviraient les excellentes leçons que vous m'avez données si je n'avais songé à les mettre en pratique ? J'ai là heureusement une boussole de poche, et, grâce à la provision d'allumettes qui me reste, il nous sera aisé de ne pas nous tromper de direction.

Après avoir fraternellement partagé un morceau de biscuit, les deux amis se mirent en route, et, infatigables, quand parut le crépuscule, ils avaient accompli la moitié de leur route. Ils profitèrent de l'heure de jour pour se rapprocher des rochers abrupts qui formaient les falaises de l'île. Là, le jeune Russe montra à son ami, suspendues dans les anfractuosités des pierres, de petites touffes de lichen, formées de lanières dilatées et roussâtres et hautes de trois à neuf centimètres.

— Voilà, dit-il, qui pourrait suppléer à nos provisions si elles venaient à s'épuiser. Cette sorte de mousse, ciliée de poils raides, est le froment des régions froides. Les habitants des pays polaires ramassent cette manne précieuse sur les rochers, la font sécher ensuite, et elle devient pour eux une nourriture aussi substantielle qu'agréable. C'est cette *physchie* qu'on appelle aussi tripe de roche ou mousse de rennes, dont je vous ai parlé et qui nous eût sauvé la vie, si nous avions été forcés de faire un long séjour dans l'île.

— Heureusement, dit Ledru qui venait de goûter à la précieuse mousse, nous n'aurons pas besoin de ce supplément de vivres. Je déclare pour mon compte que c'est un mets détestable et d'une insupportable amertume.

Alexis sourit et dit avec une nuance d'ironie :

— Vous me semblez bien délicat, mon ami, et si, comme les compagnons du malheureux Franklin, vous vous trouviez privé de vivres durant des mois entiers, votre palais délicat s'habituerait à cette amertume. Mais, comme vous le dites, nous n'aurons pas besoin d'utiliser ce trésor providentiel et nous nous contenterons d'en emporter des échantillons pour les classer dans les collections de nos amis les naturalistes.

Malgré l'obscurité profonde qui ne tarda pas à succéder au jour, ils continuèrent leur marche dans la direction du sud. La lune vint heureusement les aider de sa pâle lumière. Après quelques heures, ils arrivèrent enfin sur les bords de la glace à l'entrée de la baie où le *Pôle-Nord* était à l'ancre ; mais là un nouvel obstacle se dressait devant eux. Malgré le froid qui était extrêmement vif, l'eau de la mer en cet endroit continuait à rester liquide et les deux jeunes gens, qui n'avaient pu songer un seul instant à rapporter avec eux leurs kayaks, se trouvèrent arrêtés. S'ils avaient eu du bois ou quelque matière combustible, ils auraient allumé un grand feu, dans l'espérance d'attirer l'attention de leurs compagnons. Faute de combustible, il fallut renoncer à ce moyen.

Ledru prit son fusil et lâcha ses deux coups en l'air, Alexis l'imita ; puis ils rechargèrent leurs armes et continuèrent ainsi à faire retentir les mornes de détonations successives. Une fusée, partie du sommet des falaises, leur indiqua bientôt que leur signal avait été entendu. Une demi-heure plus tard, ils virent une faible lueur se détacher de l'horizon et venir à leur rencontre ; c'était un canot qu'on envoyait à leur recherche.

Rien ne saurait peindre la joie du quartier-maître Otto, qui commandait la petite embarcation, et des deux matelots qui l'accompagnaient, quand, dans les deux fugitifs, ils reconnurent les deux jeunes gens dont on pleurait là perte. En regagnant le campement, on s'expliqua. Alexis et Henri Ledru comprirent qu'on avait dû croire à leur mort, et le vieux quartier-maître, moitié riant, moitié pleurant, leur raconta le retour précipité de l'expédition qui n'était arrivée que quelques heures seulement avant eux. Personne n'avait osé apprendre la triste nouvelle à M. de Kolikof, auquel on avait laissé croire que les deux jeunes gens, retenus en arrière par leur amour pour la chasse, ne tarderaient pas à revenir.

Quand ils abordèrent à la côte et qu'ils arrivèrent au campement qu'à leur départ ils avaient laissé inachevé, ils furent saisis d'admiration par la vue des progrès qui s'étaient accomplis en leur absence. Là où les constructions sortaient à peine de terre, s'élevait un immense bâtiment dans lequel ils pénétrèrent, guidés par le vieux marin. Leurs regards, habitués depuis deux jours à une obscurité presque continuelle, furent éblouis par l'éclatante lumière qui régnait dans la salle de réception dans laquelle ils furent introduits. Ils restaient à l'entrée, remplis d'émotion en apercevant tous les membres de l'expédition rangés autour d'une immense table et qui écoutaient le récit que leur faisait le naturaliste français de la funeste exploration où l'on croyait qu'ils avaient perdu la vie.

L'orateur, tournant la tête de leur côté, les aperçut dans l'embrasure de la porte ; il laissa échapper un cri, fit un bond et se précipitant à leur rencontre, vint les serrer dans ses bras. Chacun alors poussa des exclamations joyeuses. Les deux amis furent enlevés et, passés de bras en bras, ils purent juger, par la vivacité des étreintes de leurs compagnons, combien on les aimait.

Sir William Seedling, quand il serra la main d'Alexis, perdit tout entière sa morgue britannique et laissa couler des larmes.

— Oh ! je vous croyais bien mort ! articula-t-il seulement.

On les pressait de questions. Chacun voulait savoir comment ils avaient échappé aux horribles dangers qu'ils avaient dû courir. Quelle était la nature de ces dangers ? Où étaient-ils au moment du tremblement de terre ? Ces questions et bien d'autres se pressaient tellement sur toutes les lèvres que les deux jeunes gens ne savaient à qui répondre.

— Messieurs, dit enfin le chasseur, de grâce, épargnez-nous en ce moment. M. Alexis Polowskine et moi sommes épuisés de fatigue. Quand nous aurons réparé nos forces par quelques heures de sommeil, nous vous conterons volontiers nos aventures et vous verrez alors qu'il a fallu un véritable miracle de la Providence pour nous permettre de reparaître parmi vous.

Chacun comprit la légitimité de cette demande et les deux jeunes gens disparurent.

CHAPITRE XIX

Quand les deux aventureux jeunes hommes furent parvenus à reprendre leurs forces, grâce à plusieurs heures de bon sommeil et à un repas confortable, ils purent reparaître au milieu de leurs compagnons et répondre aux questions qu'on leur adressait. Henri Ledru se constitua le narrateur des poignantes péripéties de l'expédition. Il n'en raconta d'ailleurs que ce qu'il crut convenable d'en dire.

Ce récit, mitigé par des restrictions nécessaires, suffit amplement pour exciter au plus haut degré l'intérêt et l'enthousiasme de tous. Savants et marins s'empressèrent de les féliciter de l'indomptable courage et du superbe sang-froid qu'ils avaient montrés dans ces difficiles circonstances. M. de Kolikof, que sa santé toujours un peu compromise empêchait généralement de se joindre à ses collègues dans leurs réunions, avait fait ce jour-là exception à ses habitudes sédentaires. Cédant aux instances du jeune Alexis, il était venu écouter l'épopée que raconta non sans éloquence le chasseur français et, comme on devait s'y attendre, quand il connut les épouvantables dangers auxquels celui qu'on croyait son neveu venait d'échapper, il ne put retenir ses larmes. En apprenant la part que l'orateur avait prise au salut de cet enfant aimé, il se leva et, d'un pas tout chancelant d'émotion, il alla embrasser Ledru qu'il appela à haute voix le sauveur de ce qu'il avait de plus cher au monde. Jules Rousset joignit ses éloges à ceux du vieux conseiller russe ; mais on put remarquer que sir William Seedling demeura muet et comme en proie à un secret combat que personne ne put s'expliquer. Seul, le naturaliste français le couvrit d'un regard où une profonde pitié semblait mêlée à l'étonnement.

Après que les deux jeunes hommes, échappés à une mort presque certaine, eurent reçu le juste tribut d'éloges et d'admiration qui leur revenait, on s'empressa de leur montrer les progrès accomplis par la colonie naissante pendant la courte absence qui avait été témoin de tant d'événements.

Toute une merveilleuse installation avait été faite pour assurer à l'équipage du *Pôle-Nord* et aux nombreux savants qui formaient l'expédition un hivernage tranquille et un séjour pendant lequel chacun pût être assuré de jouir du plus grand confortable possible. L'immense bâtiment dont ils avaient vu les fondations s'élever au-dessus de terre était terminé. Tout autour étaient établies de grandes cellules pour chacun des savants explorateurs et pour les membres de l'état-major du navire. Dans chacune de ces cellules, on avait disposé tout ce qui pouvait contribuer à occuper les loisirs forcés des membres de l'expédition et à les préserver des intempéries de ce redoutable climat. Chacun d'eux y avait fait établir sa bibliothèque et les instruments propres à faciliter ses études particulières. Un vaste système de tuyautage faisait plusieurs fois le tour de la construction et la traversait en différents points. Ces tuyaux, qui recevaient le courant d'eau bouillante pris à la source thermale, maintenaient dans toute l'habitation une température qui, malgré l'excessif froid du dehors, restait constamment entre 15° ou 20° centigrades.

C'était déjà beaucoup de s'être ainsi préservé de froid ; mais les frimas ne sont pas le seul ennemi qu'on ait à combattre dans ces régions terribles. L'obscurité a causé plus de désastres que le froid lui-même dans la plupart des expéditions polaires que l'histoire a enregistrées. Là s'était montrée toute l'ingéniosité des illustres physiciens qui avaient consenti à faire partie de l'expédition. Un gazomètre avait été établi derrière le bâtiment d'habitation et, grâce au courant d'eau chaude qui s'échappait des tuyaux, sa cuve envoyait non seulement le gaz d'éclairage en abondance dans chaque cellule et dans la grande salle centrale qu'il illuminait *a giorno*, mais encore dans la maison des matelots, voisine de la première et dont nous parlerons tout à l'heure.

A cet éclairage intérieur, M. Belinfante avait ajouté une illumination extérieure qui, pendant toute la saison d'obscurité absolue, devait remplacer le soleil absent dans un rayon de plusieurs kilomètres. Au-dessus d'une sorte de phare portatif composé d'échafaudages en forme de croix de Saint-André, l'habile physicien belge avait fait dresser l'appareil électrique à quadruple effet qui avait déjà rendu de si grands services au *Pôle-Nord*. Grâce aux colonnes lumineuses projetées ainsi dans tous les sens, matelots et chasseurs pourraient, enveloppés dans leurs chauds vêtements, se livrer à la poursuite des phoques et des ours blancs qui s'étaient déjà montrés en grand nombre dans les eaux libres de la baie du Refuge. Cette chasse, outre les distractions utiles qu'elle apporterait aux matelots, était appelée à rendre les plus grands services. La chair des ours blancs serait un appoint utile pour tous aux abondantes provisions de vivres de conserve qui avaient été emmagasinées sur le navire. Quant aux phoques, leur foie, que l'expérience a démontré être le meilleur et le plus certain des antiscorbutiques, préserverait tout l'équipage de la terrible maladie qui décime la plupart des expéditions dans les mers polaires.

Les docteurs, chargés du service de la santé, et leur illustre chef, M. Paul Bernard, n'avaient rien négligé de leur côté pour mettre tout le monde à l'abri, soit des épidémies, soit des maladies particulières qui auraient pu survenir. Comme ornementation de la vaste salle centrale, des caisses en bois, remplies de terre végétale apportée à bord du navire, avaient été établies, formant des sortes de jardinières. On y sema une grande quantité de graines de moutarde et de cresson. Grâce à la température douce et égale qui régnait dans la maison, on obtenait ainsi, même par les froids les plus intenses, d'abondantes récoltes de ces herbes précieuses qui ne demandaient guère plus de sept à huit jours pour fournir à tout le monde une salade à la saveur pénétrante et aromatique. Ajoutons néanmoins que, malgré la vive lumière répandue par le gaz, l'absence de soleil rendait ces herbes incolores.

Toutes les boissons alcooliques, sauf celles qui faisaient partie de la pharmacie, avaient été laissées à bord du *Pôle-Nord* et soigneusement mises sous clef. Néanmoins, le corps médical avait autorisé l'emploi des vins généreux et une distribution en était faite chaque jour à tous les matelots du bord.

Aucune ration de cette nature n'était donnée sans qu'on eût mêlé préalablement au vin une petite quantité de jus de citron que, sans cela, les matelots ne prenaient qu'avec répugnance.

Les heures de repas pour les membres de l'expédition et pour l'équipage furent soigneusement réglées. La grande salle centrale servait à la fois successivement de salle de travail, de salle d'étude et de salon de conversation.

Nous ne nous étendrons pas longuement sur les détails de la vie presque heureuse que, grâce à tant de sages précautions, l'expédition fut appelée à mener pendant ces trois mois d'obscurité. Qu'il nous suffise de dire que la maison construite pour servir d'habitation à l'équipage était faite, à peu de chose près, sur le même modèle que celle des savants explorateurs. Le chauffage en fut établi de la même manière, et la salle centrale où se réunissaient les matelots devint aussi une sorte de jardin d'hiver.

De nombreuses expéditions furent faites en canot dans la baie du Refuge. Grâce à la collaboration, à l'adresse et au sang-froid d'Alexis Polowskine et d'Henri Ledru, la chasse et la pêche furent encore plus heureuses qu'on ne l'avait espéré dans le principe. De nombreux ours blancs, beaucoup de phoques périrent sous les coups des chasseurs. Une seconde baleine fut harponnée, mais cette fois elle fut victime des matelots norwégiens, fort experts dans ce genre de poursuites. Des fêtes furent organisées soit par les gens du bord, soit par les savants et leurs aides. Deux théâtres furent établis où l'on joua des pièces de circonstance et où les auteurs avaient le plaisir de se voir applaudis par tous les hommes de l'expédition réunis, savants et matelots. M. Jules Rousset, avec sa juvénile activité française, se mutipliait dans les deux camps, et il prouva, dans bien des circonstances, que si la fortune l'avait voulu ainsi, il eût pu être un impressario remarquable. Grâce à ses soins, un journal quotidien parut pendant tout le temps que dura l'hivernage. Comme nous savons que, suivant le désir manifesté par tous les membres de l'expédition, ce journal sera publié en Europe, nous ne voudrions pour

rien au monde le déflorer, et nous prions nos lecteurs, curieux
de connaître les détails de ce séjour dans l'île Jean-Mayen, de
vouloir bien attendre le retour de l'exploration. Nous nous contenterons de signaler quelques faits qui intéressent plus particulièrement les personnages que nous avons mis en scène dans ce
récit.

Depuis leur retour de l'expédition au Beerenberg, Alexis
Polowskine montrait de jour en jour une amitié plus grande
pour son ami Henri Ledru. M. de Kolikof lui-même ne négligeait
aucune occasion de témoigner au chasseur sa vive sympathie et
sa reconnaissance. Chaque fois que sa santé le lui permettait, il
venait s'asseoir à la table commune et demandait comme une
grâce à M. d'Harvillers la faveur d'aller prendre place à côté du
chasseur. M. Jules Rousset voyait avec plaisir ces liens amicaux
se resserrer entre son camarade d'enfance et les nobles russes. Ce
qui surtout le charmait, c'était de constater que l'esprit morose
de Ledru avait disparu comme par enchantement pour faire place
à son ancienne gaieté. Sans chercher à s'expliquer la cause de
cette révolution aussi subite qu'inattendue, il se contentait d'en
constater l'existence et dans toutes les circonstances il se faisait
un vrai plaisir d'en complimenter ses amis.

Par contre, sir William Seedling, sans montrer à son collègue
aucun refroidissement, devenait chaque jour plus sombre et plus
morose. Jules Rousset voulut l'interroger un jour à ce sujet.

— Pardonnez-moi, mon ami, lui dit-il, de vous adresser une
question qui vous semblera peut-être peu en rapport avec la discrétion que vous mettez vous-même dans toutes nos relations. Si
je vous interroge, croyez bien que je m'y sens forcé par l'inquiétude vive que me cause votre tristesse. Autrefois vous veniez
chaque jour causer quelques heures avec moi ; nos études et nos
travaux étaient communs ; vous sembliez prendre plaisir à me
faire connaître vos pensées, comme moi-même je n'ai jamais
négligé de le faire pour les miennes. Aujourd'hui, non seulement vous fuyez le monde et restez des journées entières enfermé
dans votre cellule, mais encore vous semblez hésiter à me
répondre dans les rares occasions où le hasard nous réunit.
Aurais-je eu le malheur de vous causer quelque chagrin ? Dans

ce cas, n'hésitez pas à me le dire, car ce tort de ma part aurait été involontaire et je m'empresserais de faire tout le possible pour me le faire pardonner. Si c'est votre santé qui est en cause, ne me le cachez pas davantage ; je souffrirai de vos douleurs et peut-être parviendrai-je à vous soulager un peu.

M. William Seedling resta muet quelques instants devant ces interrogations où respirait pourtant tant de franchise ; puis, faisant un effort sur lui-même :

— Je ne suis point malade, dit-il, je n'ai aucune raison de vous en vouloir. Si mon caractère vous semble insupportable, cessez de vous occuper de moi ; j'en aurai du chagrin, mais je ne m'en plaindrai pas.

Il faisait un mouvement comme pour se retirer brusquement ; mais M. Jules Rousset lui saisit la main et s'apercevant qu'elle était brûlante :

— Vous souffrez, mon ami, j'en suis sûr, et bien que vous ne me croyiez point digne d'être votre confident, je compatis vivement à vos peines, quelles qu'elles puissent être. Ne m'en veuillez pas d'avoir voulu pénétrer dans votre conscience ; quand vous croirez avoir besoin d'un ami, vous n'en trouverez pas de plus dévoué que moi.

— Je le sais, répondit l'Anglais ; mais je vous demande pardon, j'ai besoin d'être seul.

Cette misanthropie subite, survenue chez un homme habituellement peu expansif du reste, ne fut guère remarquée que par son collègue et par les deux jeunes chasseurs. M. Jules Rousset avait pensé d'abord que l'étrange confidence que son ami lui avait faite et qui avait amené entre eux une gageure était la cause du changement survenu chez sir William ; mais celui-ci, bien loin de se montrer plus affable vis-à-vis du jeune Russe, semblait avoir pris le parti de ne lui adresser jamais la parole ou de ne lui répondre que par monosyllabes. Si l'idée qu'il avait eue de trouver dans Alexis Polowskine une jeune fille déguisée avait persisté et que la jalousie dont il avait, à plusieurs reprises, fait montre à l'endroit du chasseur eût été la cause réelle de sa nouvelle humeur, comment s'expliquer qu'Henri Ledru fût resté le seul personnage pour lequel il manifestât encore de temps en temps quelque déférence ? En effet, le zoologiste français avait constaté que, chaque fois que sir William rencontrait Ledru, il lui tendait la main et lui adressait quelques paroles amicales. Ce problème lui sembla si compliqué qu'il renonça à en chercher la solution.

Henri Ledru n'avait point cessé de poursuivre le cours de ses

Soyez heureux, dit le vieillard.

études. Les loisirs forcés du long hivernage lui permirent même d'apporter à son travail un redoublement de zèle et d'activité. Ses progrès devenaient tous les jours plus rapides et plus incroyables. Tous les membres de l'expédition avaient été successivement frappés par ce désir d'instruction et par la volonté de fer qu'il mettait à l'acquérir. Tous s'étaient offerts spontanément à venir en aide à cette vocation servie par une forte intelligence, si bien que l'esprit du chasseur s'ornait de jour en jour d'éléments scientifiques nouveaux et sérieux.

Aucun changement ne s'était d'ailleurs manifesté dans la façon de vivre d'Henri et d'Alexis. Ce dernier montrait en toutes circonstances sa joie de voir son ami si justement apprécié et redoublait d'efforts pour l'aider à agrandir la somme de ses connaissances. Un jour, il vint annoncer au jeune chasseur que son oncle, M. de Kolikof, qui depuis plus d'une semaine avait été retenu par l'état de sa santé dans sa cabine, désirait le voir et le priait de vouloir bien venir dîner chez lui. Bien que profondément troublé par cette invitation inattendue, Ledru ne laissa paraître aucune émotion sur son visage. Il répondit à Alexis qu'il était aux ordres de M. de Kolikof et qu'il acceptait avec empressement l'honneur qui lui était fait.

Quand arriva l'heure désignée, il entra dans l'appartement du noble russe et vit que trois couverts étaient dressés à table. Il s'inclina profondément devant son amphitryon.

— Je vous remercie de l'honneur que vous voulez bien me faire, dit le conseiller intime avec cette parfaite courtoisie qui caractérise les grands seigneurs russes. Vous me pardonnerez, en raison des événements, de vous recevoir avec tant de sans-façon. Je vous préviens, du reste, que c'est un repas tout intime que nous allons faire, presque un dîner de famille.

Malgré son éducation nouvelle, le chasseur était loin d'avoir acquis encore ces manières élégantes et ces façons de parler qui sont le propre des gens du grand monde. Il se contenta donc de répondre, en saluant de nouveau son interlocuteur :

— Je vous remercie, Monsieur, de l'honneur que vous me faites.

A ce moment entra Alexis. M. de Kolikof fit signe aux deux amis de prendre place à table, puis il s'assit à son tour, frappa sur un timbre et ordonna à son moujik de servir le repas. Après s'être excusé de faire lui-même peu d'honneur aux mets qui défilèrent, il s'entretint, pendant toute la durée du dîner, de choses diverses et indifférentes avec ses deux convives. Lorsque le repas toucha à sa fin et que, sur un signe de son maître, après avoir rempli les coupes d'un vin de Champagne écumeux, le serviteur se fut retiré, M. de Kolikof, quittant subitement les allures légères qu'il avait affectées jusqu'alors, se tourna vers Henri Ledru et lui dit d'une voix grave :

— C'est aujourd'hui, Monsieur, que j'ai résolu de régler mes comptes avec vous.

Le jeune chasseur pâlit et il se levait pour répondre quand, d'un geste plein d'autorité, M. de Kolikof lui fit signe de se rasseoir et poursuivit:

— Nous touchons à la fin de l'hivernage qui depuis plus de trois mois nous tient enchaînés ici ; demain, le soleil fera sa première apparition sur l'horizon ; dans quinze jours, les glaces qui nous tiennent emprisonnés dans l'île de Jean-Mayen commenceront à se désagréger et à s'enfuir ; avant un mois, le *Pôle-Nord* aura quitté peut-être ce sol qui a failli devenir votre tombeau. J'ai jugé qu'il était temps enfin de vous faire connaître mes intentions et de savoir les vôtres. Vous n'êtes point issu d'une famille noble, M. Henri Ledru, mais vous avez dans votre cœur plus de noblesse qu'il n'en faut pour faire souche de gentilshommes. Si j'ai pu constater votre courage, votre dévouement, votre abnégation, je sais aussi quels trésors de discrétion et de délicatesse vous avez en vous.

« J'avais, en venant sur le *Pôle-Nord*, un secret que j'avais juré sur mon honneur de ne divulguer à personne. Ce secret, le hasard ou plutôt votre sublime dévouement vous en a rendu le maître et vous avez su le conserver. Je vous remercie de cette discrétion en mon nom et au nom de ma fille Mirrine.

« Trois fois vous avez, au péril de vos jours, sauvé la vie à cette enfant qui est tout ce que j'ai de plus cher au monde ; trois fois vous avez décliné tout remerciement, et votre modestie s'est plu à amoindrir la grandeur de votre dévouement et la somme de reconnaissance que nous vous devons.

« Laissez-moi encore ajouter quelques mots, dit-il en voyant le jeune homme disposé à l'interrompre. Je sais tout, absolument tout, car, ainsi que vous l'a dit ma fille dans un moment solennel, elle n'a jamais eu de secrets pour moi ; mais ne vous effrayez point de cette confiance, car jamais père n'en a été plus digne et n'a mieux aimé que moi son enfant.

« Vous aimez ma fille Mirrine, M. Ledru ; êtes-vous libre ? »

Ledru n'eut point la force de répondre ; il fit seulement de la tête un geste affirmatif.

— S'il en est ainsi, reprit en souriant d'un air paternel le bon vieillard, pourquoi ne me demandez-vous pas sa main ?

Henri se leva tout d'une pièce et répondit d'une voix ferme :

— Monsieur, je ne ferai point cela, parce que je n'appartiens nullement à votre monde ; parce que vous êtes l'un des hommes les plus nobles et les plus riches de la terre ; parce que Mlle Mirrine a toutes les qualités de son père ; parce que moi je ne suis qu'Henri Ledru, le chasseur de chamois et le pêcheur de truites.

Mirrine, qui était restée jusque-là silencieuse, se leva à son tour :

— S'il en est ainsi, dit-elle, c'est moi, Mirrine de Kolikof, qui, assistée de mon père le conseiller de S. M. l'empereur de toutes les Russies, viens prier M. Ledru de vouloir bien m'accepter pour sa femme.

Le chasseur, brisé par l'émotion, se précipita aux pieds de la jeune fille, et un torrent de larmes s'échappa de ses yeux. Elle lui saisit la main, le releva et le présenta à son père :

— M. de Kolikof, dit-elle, consentez-vous à ce que M. Henri Ledru, le vaillant homme à qui je dois trois fois la vie, devienne mon époux ?

— Soyez heureux, dit le vieillard en serrant dans sa main les mains réunies des deux enfants.

.   .   .   .

Le lendemain, M. de Kolikof invitait à dîner dans la grande salle commune tous les membres de l'expédition. Ce repas, qui fut le plus somptueux qu'on eût fait depuis le départ, fut tout entier emprunté aux provisions particulières que le noble russe avait emportées avec lui. Nul ne savait d'ailleurs le motif réel que l'amphitryon s'était proposé. Chacun pensait qu'il s'agissait de fêter le retour du soleil dont une partie du disque venait, en effet, de reparaître à l'horizon.

A la fin du repas, sur la demande du noble russe, on fit entrer dans la salle du festin tous les matelots et tous les aides, auxquels on versa une rasade du précieux vin mousseux de France. A ce moment on vit entrer Mirrine de Kolikof dans une merveilleuse toilette et l'on pensa qu'il s'agissait d'une de ces improvisations théâtrales qui avaient tant égayé la longue nuit polaire. Mais le vieux seigneur russe se leva et, d'une voix qui ne laissait plus de doutes sur la réalité et l'importance de ses paroles, il dit :

— O vous, mes savants collègues, qui avez sacrifié votre vie pour apporter à la science quelques notions nouvelles, et vous, braves matelots du *Pôle-Nord*, nos aides dévoués, écoutez ce que je vais vous dire, car il n'y aura jamais trop de témoins pour entendre la solennnelle déclaration que je vais vous faire. Je vous présente ma fille Mirrine que tous jusqu'ici vous avez appris à aimer et à respecter sous le nom d'Alexis Polowskine. J'avais juré au vénérable directeur de l'expédition de ne révéler à personne ce secret avant notre retour en Europe. Il vient de me délier de mon serment, et la démarche que je fais en ce moment a obtenu son approbation.

« Mes amis, vous avez tous été témoins du courage et du dévouement qu'à déployé M. Henri Ledru ; vous savez tous que si mon intrépide fille est encore vivante, c'est à lui seul que je le dois. Ce que vous ignorez, c'est qu'Henri Ledru adore ma fille Mirrine et que ma fille Mirrine aime son sauveur. J'ai, dans ma volonté paternelle, approuvé ces pures amours et accordé la main de ma fille au vaillant Français qui a su la conquérir. Vous venez d'assister au repas de leurs fiançailles. »

Un hourra frénétique, poussé par toutes les bouches, accueillit ces paroles. Sir William Seedling seul resta muet, et on le regardait surpris de son silence, quand on le vit pâlir tout à coup et tomber évanoui sur son siège. On s'empressa autour de lui, persuadé que l'émotion vive que lui avait causée cette grande nouvelle était l'unique cause de son indisposition.

Jules Rousset, plus maître de lui quoique non moins touché par ce dénouement inattendu, eut la force de s'approcher des jeunes fiancés et mettant un genou en terre devant Mirrine :

— Je n'ai point deviné votre secret, dit-il, mais je l'ai pressenti. Il est digne de vous, vous êtes digne de lui ; soyez heureux.

. . . .

Trois semaines plus tard, la débâcle des glaces avait eu lieu et l'on signalait une voile à l'horizon : c'était l'*Élisha Kane*, commandé par le capitaine Hitche de Saint-Francisco, qui, emporté vers le sud par l'orage de neige, avait dû hiverner en Islande et avait profité de la débâcle des glaces pour rejoindre à Jean-Mayen le *Pôle-Nord* auquel il apportait de nouveaux approvisionnements. Après un séjour d'une semaine dans la baie du Refuge, l'*Élisha Kane* reçut à son bord M. de Kolikof et ses deux enfants ; puis il se remit en route pour l'Europe.

Les trois voyageurs, arrivés dans leur domaine à Sarautow, sur les rives du Volga, purent célébrer définitivement le mariage résolu dans l'île de Jean-Mayen.

Nous avons eu le bonheur de connaître Henri Ledru dans sa jeunesse, et nous avons reçu de cet ancien compagnon de chasse le récit des événements que nous avons racontés. Notre correspondant, devenu grand seigneur, n'a point renoncé à la glorieuse expédition où il a rencontré l'instruction solide qui en a fait un homme remarquable et où il a trouvé un plus grand bien encore, une femme aimée et qui l'aime. Les deux époux se proposaient, à l'époque où nous est parvenue la relation de leur premier voyage, de repartir sur un navire frété par eux à la recherche de leurs compagnons. Quant au vieux conseiller, sûr désormais que sa fille est confiée à des mains dignes et capables de la protéger, il a définitivement renoncé aux longs voyages.

ÉPILOGUE

L'exploration scientifique internationale a enfin fait savoir de ses nouvelles, et c'est là ce qui nous permet de publier sinon le résultat de ses travaux, au moins les aventures de quelques-uns des membres qui la composaient au départ.

Sans marcher sur les brisées des savants écrivains qui ont envoyé en Europe le récit de cette exploration, nous dirons que, parti de l'île de Jean-Mayen, leur navire est allé explorer d'abord la côte orientale du Groënland et a fait les plus merveilleuses tentatives pour gagner le pôle par cette voie. Bien qu'ils aient échoué et aient été obligés de rétrograder devant les amoncellements de glaces qu'aucune force humaine n'aurait pu briser, ils ont fait là d'immenses et importantes découvertes. Le *Pôle-Nord,* s'aventurant à travers les glaces, a dépassé au nord le point visité par Parry en juillet 1827. Il a visité la terre de François-Joseph et tente sans doute en ce moment de gagner, en suivant le nord de la Sibérie, le détroit de Behring.

Rappelons à nos lecteurs que M. le professeur Nordenskiold vient de découvrir un passage dans cette direction. Nous espérons que tant d'efforts ne seront pas vains et que, grâce à tant d'héroïques voyageurs, le grand problème polaire sera enfin résolu.

TABLE DES MATIÈRES

TABLE DES GRAVURES

POITIERS. — TYPOGRAPHIE OUDIN ET Cie.